职业教育无人机应用技术专业系列教材

无人机技术基础与技能训练

主　编　于坤林　施德江　许　为

参　编　韩笑宇　牛春姣　王利新

　　　　王　雷　杨冬雪

U0193605

机械工业出版社

本书共10章，内容包括无人机概述、无人机的组成及布局、无人机的动力系统、无人机的航电系统、无人机的其他系统、航空气象、空中交通管制和无人机飞行安全、无人机装调常用的工具与材料、无人机的组装与调试和无人机的飞行训练。

本书内容丰富全面，通俗易懂，注重理论基础和实践操作，可作为各类职业院校无人机应用技术及相关专业的教材，也可作为从事无人机应用、生产等无人机企事业单位的相关培训教材，还可作为广大无人机爱好者的自学用书。

本书配套有电子课件、习题答案和微课视频（扫描书中二维码观看），选择本书作为授课教材的教师可登录机械工业出版社教育服务网（www.cmpedu.com）免费注册后下载或联系编辑（010-88379194）咨询。

图书在版编目（CIP）数据

无人机技术基础与技能训练/于坤林，施德江，许为主编.
—北京：机械工业出版社，2020.9（2025.1重印）
职业教育无人机应用技术专业系列教材
ISBN 978-7-111-66069-9

Ⅰ．①无… Ⅱ．①于… ②施… ③许… Ⅲ．①无人驾驶飞机—职业教育
—教材 Ⅳ．①V279

中国版本图书馆CIP数据核字（2020）第122621号

机械工业出版社（北京市百万庄大街22号　邮政编码100037）
策划编辑：梁　伟　　　　　　责任编辑：梁　伟　张星瑶
责任校对：王　欣　郑　婕　　封面设计：鞠　杨
责任印制：常天培
北京中科印刷有限公司印刷
2025年1月第1版第7次印刷
184mm×260mm · 12 印张 · 239千字
标准书号：ISBN 978-7-111-66069-9
定价：39.00元

电话服务　　　　　　　　　网络服务
客服电话：010-88361066　　机　工　官　网：www.cmpbook.com
　　　　　010-88379833　　机　工　官　博：weibo.com/cmp1952
　　　　　010-68326294　　金　书　网：www.golden-book.com
封底无防伪标均为盗版　　　机工教育服务网：www.cmpedu.com

PREFACE
前言

随着无人机技术的发展，无人机的应用已经越来越广泛。目前无人机已经在农业植保、航拍航测、应急救援等许多领域得到了应用。本书以无人机应用技术的基础知识和基本技能为主线，在总结编者丰富的教学和实践经验的基础上编写而成。

本书主要介绍无人机的基础理论知识、固定翼、多旋翼无人机组装与调试以及飞行训练实践操作实例，在编写过程中力求体现理实一体化特色。

本书编写内容分为理论基础和实践操作两部分。理论基础主要内容包括无人机概述、无人机的组成及布局、无人机的动力系统、无人机的航电系统、无人机的其他系统、航空气象、空中交通管制和无人机飞行安全；实践操作内容包括无人机装调常用的工具与材料、无人机的组装与调试、无人机的飞行训练。

本书由长沙航空职业技术学院于坤林、吉林信息工程学校施德江和许为任主编，吉林信息工程学校韩笑宇、牛春姣、王利新、王雷、杨冬雪参与编写。其中，第2章、第3章、第8章、第9章和第10章由于坤林编写，第5章由施德江编写，第1章由许为编写，第7章由韩笑宇编写，第4章由牛春姣和王利新共同编写，第6章由王雷和杨冬雪共同编写，全书由于坤林负责统稿。

由于编者水平有限，书中不妥之处在所难免，恳请读者批评指正。

编　者

二维码索引

视频名称	二维码	页码	视频名称	二维码	页码
4.1　无人机飞行控制系统		50	5.2　发射和回收系统		74
4.3　遥控器		54	5.3.1　地面站		79
4.5　通信链路系统		59	5.3.2　任务规划系统		81
4.6.1　全球定位系统		61	6.1.1-1　大气成分及基本要素		84
4.6.2　惯性导航系统		63	6.1.1-2　大气特性		84
5.1　任务载荷系统		70	6.2　大气运动		89
5.1.2-1　任务载荷相机		70	6.3　严重影响飞行的气象		93
5.1.2-2　红外热像仪		71	7.1　空中交通管制		102
5.1.2-3　气体检测仪		73	7.2.1　空域基本知识		105
5.1.2-4　激光雷达		73	7.2.2　空域运行要求		108

视频名称	二维码	页码	视频名称	二维码	页码
9.1.2-1　焊接电调		133	9.1.7　安装电动机和电调		137
9.1.2-2　焊接电源线		133	9.2.3-1　检查遥控器并解锁无人机		145
9.1.5-1　装配螺母柱和飞控		136	9.2.3-2　遥控器模式设定及操作		145
9.1.5-2　装配机臂、框架并接通接收机		136	9.2.3-3　遥控器外观及按钮功能		145

CONTENTS
目 录

CONTENTS

CONTENTS

无人机
概述

第
1
章

本章概述

目前无人机技术的发展非常迅速，无人机的应用也越来越广泛。本章主要介绍无人机的定义、分类、性能指标、应用和发展。

学习目标

1) 掌握无人机的概念以及无人机与航模的区别；
2) 掌握无人机的性能指标；
3) 了解无人机的分类方法；
4) 了解无人机的应用及发展方向。

1.1 无人机的定义

1.1.1 无人机的概念

扫码看视频　　扫码看视频

无人机是采用无线电遥控设备或由自身程序控制装置操控的航空器。它包括无人固定翼机、无人直升机、多旋翼飞行器等。它通常由3个部分组成：飞行平台、控制系统和任务载荷。

无人机系统是无人机飞行平台、动力装置、导航飞控、任务设备、通信链路、地面站等的统称。事实上，无人机要完成任务，除了需要无人机及其携带的任务设备外，还需要地面控制设备、数据通信设备、维护设备、指挥控制和必要的操作、维护人员等，较大型的无人机还需要专门的发射/回收装置。完整意义上的无人机应称为无人机系统，如图1-1所示。

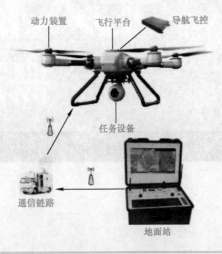

图1-1　无人机系统

扫码看视频

1.1.2 无人机与航模的区别

无人机与航模的主要区别有以下 3 个方面：

1. 飞行平台

无人机的设计平台和系统的制造均遵循严格的工程应用要求，采用先进的制造技术，并要求具备较高的可靠性，以满足其功用的需要。而航模仅是为满足单一的观赏或竞技需求而设计的用于娱乐运动的航空器，其飞行平台的技术水平远不及无人机。

2. 控制系统

无人机具备飞行控制系统或自动驾驶仪，既可自主控制又可人工遥控控制，并能实现速度矢量控制。而航模仅能通过遥控器直接操控其舵面从而实现转向、爬升等操作。

3. 任务载荷

无人机搭载的任务载荷具备一定的功用，如图 1-2 所示；航模一般不搭载任务载荷，常用于竞技等体育运动，如图 1-3 所示。

图 1-2 航拍无人机

图 1-3 航模

1.2 无人机的分类

扫码看视频

一般情况下无人机可按用途、平台构型、活动半径、空机质量、任务高度、飞行速度、使用次数等进行分类。

1.2.1 按用途分类

扫码看视频

按照无人机所能担负的功用分类，可分为军用无人机和民用无人机。

军用无人机是直接参加战斗、保障战斗行动和军事训练的无人机的总称。

军用无人机可分为侦察无人机、诱饵无人机、电子对抗无人机、通信中继无人机、无人战机以及靶机等。

用于非军事目的的无人机称为民用无人机。

民用无人机可分为巡查 / 监视无人机、农用无人机、气象无人机、勘探无人机以及测绘无人机等。

1.2.2 按平台构型分类

按平台构型分类，无人机可分为固定翼无人机、旋翼无人机、无人飞艇、伞翼无人机等。

固定翼无人机是指飞机的机翼位置、后掠角等参数固定不变。其中固定翼无人机、旋翼无人机应用比较广泛。旋翼无人机可分为无人直升机和多旋翼无人机。无人直升机是指支撑其空中飞行的升力是一具或多具绕垂直轴旋转的旋翼向下方排斥气流所产生的反作用力的一种航空器，多旋翼无人机是指其具有 3 个及以上的旋翼轴，固定翼无人机如图 1-4 所示，旋翼无人机如图 1-5 所示。

图 1-4 固定翼无人机

图 1-5 旋翼无人机

扫码看视频

1.2.3 按活动半径分类

按活动半径分类，无人机可分为超近程无人机、近程无人机、短程无人机、中程无人机和远程无人机。

超近程无人机活动半径在 15km 以内，近程无人机活动半径在 15 ～ 50km，短程无人机活动半径在 50 ～ 200km，中程无人机活动半径在 200 ～ 800km，远程无人机活动半径大于 800km。

扫码看视频

1.2.4 按空机质量分类

按空机质量分类，无人机可分为微型、轻型、小型以及大型无人机。

微型无人机是指空机质量小于或等于 7kg 的无人机；轻型无人机是指空机质量大于 7kg，但小于或等于 116kg 的无人机；小型无人机是指空机质量大于 116kg，但小于或等于 5 700kg 的无人机；大型无人机是指空机质量大于 5 700kg 的无人机。

扫码看视频

1.2.5 按任务高度分类

按任务高度分类，无人机可以分为超低空无人机、低空无人机、中空

扫码看视频

无人机、高空无人机和超高空无人机。

超低空无人机任务高度一般在 0 ～ 100m，低空无人机任务高度一般在 100 ～ 1 000m，中空无人机任务高度一般在 1 000 ～ 7 000m，高空无人机任务高度一般在 7 000 ～ 18 000m，超高空无人机任务高度一般大于 18 000m。

1.2.6　按飞行速度分类

按飞行速度分类，无人机可分为亚声速无人机、超声速无人机和高超声速无人机。

亚声速无人机是指最大飞行速度不超过声速的无人机；超声速无人机是指最大飞行速度超过声速的无人机；高超声速无人机是指最小飞行速度大于 5 倍声速的无人机。

1.2.7　按使用次数分类

按使用次数分类，无人机可以分为单次使用无人机和多次使用无人机。

单次使用无人机发射后不收回，也不需要在无人机上安装回收系统；多次使用无人机则指需重复使用的、要求回收的无人机。

1.3　无人机的性能指标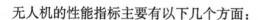

无人机的性能指标主要有以下几个方面：

1. 航程

航程是指飞机在起飞后中途不停、不加油所飞行的距离。决定无人机航程的因素有机体结构、翼型、发动机、携带能量等，无人机的控制系统对航程也有着不可忽视的影响。

2. 续航时间

续航时间是指无人机在耗尽其本身携带的可用燃料或电池电量时，所能持续飞行的时间。续航时间是检验无人机持续完成任务能力的重要标准，执行不同类型任务的无人机对续航的要求是不同的。

3. 飞行速度

飞行速度是指飞行器单位时间内飞经的距离。飞行速度对于无人机来说也是一项重要的指标。

4. 飞行高度

飞行高度是指飞行器在空中至某一基准水平面的垂直距离。无人机的飞行高度就是升限，是指无人机能够维持平飞的最大高度，是一项重要的指标。

5. 有效载荷质量

有效载荷质量是衡量无人机能够携带任务载荷多少的重要指标。

6. 本体尺寸

本体尺寸就是指无人机机体的尺寸。无人机机体的尺寸影响其使用性能和抵抗恶劣环境的能力。

7. 爬升率

爬升率是指在一定的飞行质量和一定的发动机工作状态下，无人机在单位时间内上升的高度。

8. 可靠性

可靠性是指在执行预期任务期间，无故障运行的可能性。良好的可靠性是无人机稳定使用的重要保障。

9. 经济性

无人机的设计、制造和维护成本是一项重要的指标，它是由无人机要执行任务的重要性来决定的。

10. 发射回收方式

发射回收方式直接影响无人机的易用性。常用的发射方式有轨道发射、火箭发射、滑跑发射、空中发射和垂直起飞等，几种常用的回收方式有降落伞回收、空中回收、拦截网回收、起落架/滑轮着陆、气垫着陆和垂直着陆等。

1.4 无人机的应用

扫码看视频

1.4.1 在植保领域的应用

1. 植保无人机简介

植保无人机由飞行平台（固定翼、直升机、多旋翼飞行器）、导航飞控、喷洒机构3部分组成，通常在植保无人机下部安装有任务载荷（包括储药箱、农药喷杆、喷头、药管、药管快拆连接头、水泵以及置于中心板上的水泵电源降压模块等）。通过地面遥控或导航飞控来实现喷洒作业，可以喷洒药剂、种子、粉剂等。

2. 植保无人机应用

航空喷雾适用于水稻等农作物生长期的各个阶段，植保无人机给水稻作业的情况如图1-6所示，与传统的担架式喷雾机相比，其效果更优。而且小型无人机体积小、灵活性高、地形适应性好，即使在丘陵地带也能发挥作用。在水稻的生长生理及病虫害状态监测方面，无人机也发挥了重要作用。

使用多旋翼植保无人机的低空、低容量喷雾与常规喷雾进行对比，结果表明，植保无人机的工作效率高，防治费用成本低，防治效果好，省工、省力、节约用水量。

图1-6　植保无人机稻田作业

1.4.2　在航拍领域的应用

1. 航拍无人机简介

扫码看视频

航拍无人机由飞行平台、导航飞控、任务载荷3个部分组成，其中航拍无人机的任务载荷有云台、照相机或摄像机和图像传输系统等。航拍无人机如图1-7所示。

图1-7　航拍无人机

2. 航拍无人机应用

（1）街景拍摄

利用携带摄像机装置的无人机开展大规模航拍，实现空中俯瞰的效果。

（2）交通监视

无人机参与城市交通管理能够帮助城市交通管理部门解决大中城市的交通顽疾，实现区域管控，确保交通顺畅，能应对突发交通事件，实施紧急救援。

（3）影视航拍

近年来，专题片、影视剧、广告宣传片、音乐电视等都采用了无人机来完成航拍作业，跟传统飞行航拍方式相比较，无人机航拍更为经济、安全，更便于操控。

1.4.3 在航测领域的应用

1. 航测无人机简介

扫码看视频

无人机可以机载多种遥感设备来获取信息，并通过相应的软件对所获取的图像信息进行处理，按照一定精度要求制作成图像。

航测无人机如图 1-8 所示。无人机低空航测系统一般由地面系统、飞行平台、传感器、数据处理系统 4 个部分组成。

图 1-8　航测无人机

2. 航测无人机应用

无人机航测的应用领域覆盖面很广，目前主要在以下几个场景中：

（1）国土测绘

航测无人机可以快速获取测绘的航摄数据，快速掌握测绘区的详细情况，适用于国土资源动态监测与调查、土地利用和覆盖图更新、土地利用动态变化监测、特征信息分析等工作。高分辨率的航空影像还可应用于区域规划。

（2）环境监测

高效快速获取高分辨率的航空影像能够及时对环境污染进行监测，尤其是排污监测方面。此外，海洋监测、溢油监测、水质监测、湿地监测、固体污染物监测、海岸带监测、植被生态等方面都可以借助遥感无人机拍摄的航空影像或视频数据来进行。其中，水质调查监测、污染物监测、大气环境监测、固态废物检测、秸秆禁烧监测是主要的应用方向。

（3）应急救灾

无人机在测绘领域受到重视是从应急救灾开始的。无论是汶川地震、　扫码看视频玉树地震，还是舟曲泥石流、安康水灾，测绘无人机都在第一时间到达了现场，并充分发挥机动灵活的特点，获取灾区的影像数据，在救灾部署和灾后重建工作中起到了重要作用。

1.4.4 在电力巡线领域的应用

扫码看视频

1. 电力巡线无人机简介

电力巡线无人机由飞行平台、导航飞控、任务载荷三部分组成，其中巡线无人机任务载荷主要有高清数字摄像机和照相机、雷达以及GPS定位系统等。无人机电力巡线如图1-9所示。

图1-9 无人机电力巡线

2. 电力巡线无人机应用

传统的人工电力巡线方式条件艰苦、效率低下。无人机实现了电子化、信息化、智能化巡检，提高了电力线路巡检的工作效率、应急抢险水平和供电可靠率。而在山洪暴发、地震灾害等紧急情况下，无人机可对线路的潜在危险，如塔基陷落等问题进行勘测与紧急排查，丝毫不受路面状况影响，既免去攀爬杆塔之苦，又能勘测到人眼的视觉死角，对于迅速恢复供电很有帮助。

1.5 无人机的发展

1.5.1 军用无人机的发展趋势

未来军用无人机的发展方向和趋势主要有以下几个方面：

1. 高空长航时无人机

高空长航时无人机具有高生存力与高侦察能力，其应用不断得到扩大。美国相关研究机构认为，未来在20 000米以上飞行将不会受到限制。高空长航时无人机将会成为大气层侦察网络的一个重要组成部分。在未来战场上，高空长航时无人机凭借优秀的滞空能力将日益受到无人机使用者的青睐，它能大幅提高无人机作战任务的准确性和攻击性。

2. 微型化无人机

微型无人机在军事领域的使用愈加广泛，由于其体积小、成本低，未来的战场需要更多这种无人机。无人机的研制要更加微型化，在降低成本的同时优化功能，进而实现既定的作战任务和作战目标。

3. 隐形无人机

现有隐形无人机的隐形效果不佳。为了实现高隐蔽性，很多国家都在攻克这个难题，开展高隐蔽材料、防噪声控制的研究，这也是提高无人机的作战效能和战场生存能力的必要条件。

4. 攻击无人机

军用无人机的用途很多，但是未来的军用无人机需要强有力的攻击性，这种攻击是全方位的，包括地面打击、空中袭击、空中对抗、导弹拦截、目标锁定攻击等。

随着无人机在军事领域的广泛应用，军用无人机的发展极为迅速，在技术研发和攻关上，军用无人机进入了一个全新的时期，未来的发展趋势不可阻挡。

1.5.2　民用无人机的发展趋势

1. 智能化

无人机在发展过程中面临劳动力成本上升，无人机资格审查严格的困境。企业要想进一步发展，提高民用无人机的智能化水平是重要途径之一。通过提高民用无人机的智能化，可以更好地满足市场需求，降低无人机驾驶员的使用数量，从而降低使用人员的费用，增加企业利润。此外，近些年人工智能技术的发展为无人机的智能化奠定了技术基础。提高无人机自动识别目标、规避特定目标的能力就能够更好地发挥无人机的优势，深化无人机在民用领域的应用，符合市场发展趋势。

2. 产业化

随着民用无人机市场的发展，消费者的需求更加多样化。单个企业满足消费者多变的需求是非常困难的，并且企业的研发能力有限，完全由自己进行整机生产在未来是很难实现的。这就需要无人机行业进行产业化，逐步实现全产业链的资源整合、优势互补。行业内部会逐步出现在材料研发、系统研发、外形设计、零件生产、销售等各个环节占有优势的企业，这种发展趋势在我国更为明显。目前，深圳几乎可以生产民用无人机的所有电子元器件。

3．规范化

无人机飞行时可能会带来如飞入禁飞区、偷拍、偷运毒品、抢占航线等严重的安全问题，这已经引起政府部门与社会各界的强烈关注。我国政府的相关部门需要建立民用无人机飞行运营、适航管理、安全管理等较为完善的标准规范和法规体系，从研发、制造、销售、运营等多方面进行全方位管理与全过程监管，统一监管、统一追责，防止无人机失控而影响公众安全和飞行安全，确保无人机合理、合法、合规地使用，使我国民用无人机产业实现持续、安全、创新发展。

4．专业化

随着对无人机应用价值认知程度的加深，无人机技术的不断创新必将颠覆众多行业的传统作业方式。工业级无人机高效的作业与强大的功能将进一步推进传统行业变革，以实现产业更新升级。随着其在救灾、警务、环保、监测气候、货物运输等方面应用的扩大，无人机将呈现出全领域发展的趋势，无人机的经济效益与社会价值更加突显。通过实施"无人机＋"计划，与传统职业跨界融合，细分出无人机应急救援、无人机公共安全、无人机环境保护、无人机巡线石油管道等垂直应用领域，开拓全新的无人机产业民用发展领域。

本章小结

本章介绍了无人机的定义、分类、性能指标、应用和发展。通过本章的学习，学生可以初步认识无人机。

习题

1．什么是无人机系统？无人机与航模相比有哪些主要区别？

2．无人机的分类方法主要有哪些？

3．简述无人机的主要性能指标。

4．植保无人机由哪几部分组成？有什么优点？植保无人机施药有哪些优点？

5．航拍无人机主要由哪几部分组成？

6．常用的无人机任务载荷有哪些？

无人机
的组成及布局

第2章

本章概述

航空器平台是无人机系统的重要组成平台。本章主要讲述固定翼无人机的组成、布局及各组成部分的功用、多旋翼无人机的结构组成、布局及各组成部分的功用。

学习目标

1) 掌握固定翼无人机的组成及各组成部分的功用；
2) 了解固定翼无人机的布局形式；
3) 掌握多旋翼无人机的组成及各组成部分的功用；
4) 了解多旋翼无人机的布局形式。

扫码看视频

2.1　固定翼无人机的组成及布局

扫码看视频

2.1.1　固定翼无人机的组成

固定翼无人机大多数都由机翼、机身、尾翼、起落装置和动力装置 5 个主要部分组成。固定翼无人机的结构组成如图 2-1 所示。

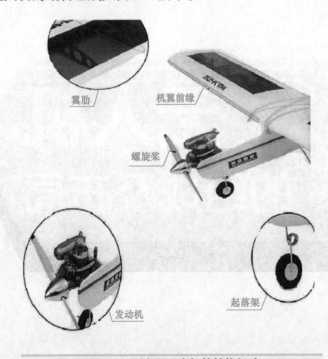

图 2-1　固定翼无人机的结构组成

1. 机翼

机翼是无人机在飞行时产生升力的装置，能保持无人机飞行时的横滚安定。机翼的结构元件主要包括翼梁、前纵墙、后纵墙、普通翼肋、加强翼肋、对接接头、蒙皮、桁条，如图2-2所示。

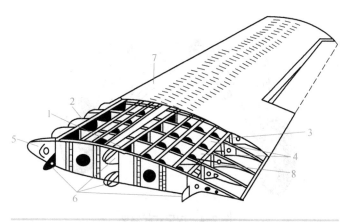

图2-2 机翼的典型结构元件

1—翼梁 2—前纵墙 3—后纵墙 4—普通翼肋 5—加强翼肋 6—对接接头 7—蒙皮 8—桁条

2. 机身

机身的主要功用是装载乘员、旅客、武器、货物和各种设备，将飞机的其他部件连接成一个整体。机身的骨架有沿机体纵轴方向的桁梁、桁条和沿横轴方向的隔框，如图2-3所示。

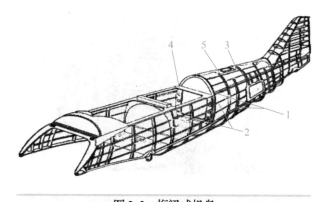

图2-3 桁梁式机身

1—桁梁 2—桁条 3—蒙皮 4—加强隔框 5—普通隔框

3. 尾翼

尾翼包括水平尾翼和垂直尾翼。水平尾翼由固定的水平安定面和可动的升降舵组成，有的高速飞机将水平安定面和升降舵合为一体成为全动平尾。垂直尾翼包括固定的垂直安定面和可动的方向舵。尾翼的作用是操纵飞机俯仰和偏转，保证飞机能平稳飞行。

4. 起落装置

飞机的起落架大都由减震支柱和机轮组成，作用是起飞、着陆、滑跑、停放。飞机起落架的结构形式可分为构架式、支柱套筒式和摇臂式 3 类。构架式起落架如图 2-4 所示。

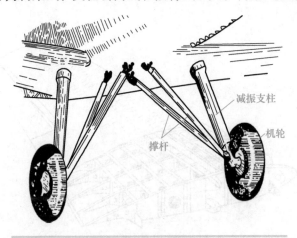

图 2-4　构架式起落架

5. 动力装置

动力装置主要用来产生拉力和推力，使飞机前进。固定翼无人机常用的发动机有活塞式发动机和喷气式发动机。活塞式发动机如图 2-5 所示。

图 2-5　活塞式发动机

飞机上除了这 5 个主要部分外，根据飞机操作和执行任务的需要，还装有各种仪表、通信设备、领航设备、安全设备等其他设备。

2.1.2　固定翼无人机的布局

固定翼无人机的布局是指飞机主要部件的数量以及它们之间的相互安排配置情况。固定翼无人机为了达到不同的性能要求，往往采用不同的布局形式。固定翼无人机的主要布局类型如图 2-6 ～图 2-9 所示。

如果按机翼和机身连接的上下位置分，可分为上单翼、中单翼和下单翼，如图 2-6 所示。

图 2-6　按机翼和机身的连接位置分

如果按机翼弦平面有无上反角来分，可分为上反翼、无上反翼与下反翼 3 种类型，如图 2-7 所示。

图 2-7　按机翼弦平面有无上反角分

如果按立尾的数量来分，可分为单立尾、双立尾和无立尾（无立尾式平尾为 V 形尾），如图 2-8 所示。

图 2-8　按立尾的数量分

而通常所说的纵向气动布局一般是指平尾相对于机翼在纵向位置上的安排，即飞机的纵向气动布局形式。一般有正常式、"鸭"式和无平尾式，如图 2-9 所示。

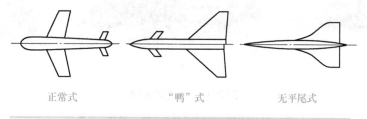

图 2-9　按纵向气动布局分

不同的布局形式对飞机的飞行性能、稳定性和操纵性产生重大影响。几种常见尾翼布局的具体介绍如下：

（1）单立尾布局

单立尾布局是最为常见的一种尾翼布局形式。单立尾翼主要包括垂尾安定面、方向舵、平尾安定面和升降舵。

根据立尾相对于平尾的位置，尾翼又可以分为常规型尾翼、T 形尾翼和十字形尾翼。

常规型尾翼：这种布局形式的尾翼，平尾在垂尾的下面，通常能够以最轻的结构重量提供足够的稳定性和操纵性，这种布局形式在飞机上应用最为广泛，如图 2-10a 所示。

T 形尾翼：这种布局形式的尾翼，平尾位于垂尾顶部，垂尾结构往往需要加强，因此要付出一定的重量代价，如图 2-10b 所示。

图 2-10　单立尾布局

a) 常规型尾翼　　b) T 形尾翼

(2) 双立尾布局

双立尾布局通常包括常规双立尾布局、双尾撑双立尾布局和 H 形尾翼布局。常规双立尾布局是指在机身上装有两个立尾的布局形式，以增加航向的安定性，如图 2-11a 所示。双尾撑双立尾布局是指在向后延伸的两个尾撑上安装两个立尾的布局形式，如图 2-11b 所示。H 形尾翼布局通常在大型运输机中使用，是一种在平尾两端安装两个立尾的布局形式，从前后看平尾和立尾构成一个 H 字样，故称为 H 形尾翼，如图 2-11c 所示。

图 2-11　双立尾布局

a) 常规双立尾　　b) 双尾撑双立尾　　c) H 形尾翼

(3) V 形尾翼布局

V 形尾翼具有较好的隐身性能和较小的干扰阻力，在隐身飞机和无人机中广泛采用。通常可分为正 V 形尾翼（两片尾翼向上张开，见图 2-12a）和倒 V 形尾翼（两片尾翼向下张开，见图 2-12b）。此外，还有一些特殊布局形式的尾翼，如 Y 形尾翼（见图 2-12c）和环形尾翼等。

a) b) c)

图 2-12　V 形尾翼布局

a 正 V 形尾翼　b 倒 V 形尾翼　c Y 形尾翼

（4）三角翼布局

三角翼无人机是三角翼形式的无人机，如图 2-13 所示。它的机翼前缘后掠，后缘基本平直，俯视平面形状为三角形。这类无人机体积小、重量轻、机翼结构强度大、抗风能力强、水平机动性能好，而且后掠角大、阻力小。

图 2-13　三角翼无人机

2.2　多旋翼无人机的组成及布局

扫码看视频

2.2.1　多旋翼无人机的组成

多旋翼无人机的组成一般包括机架、起落架、电动机和电调、电池、螺旋桨、飞控系统、遥控装置、GPS 模块、任务设备和数据链路，如图 2-14 所示。

扫码看视频

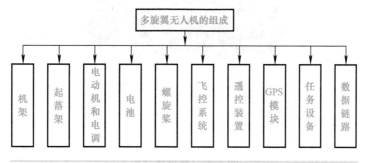

图 2-14　多旋翼无人机的组成

1. 机架

机架是大多数设备的安装位置，也是多旋翼无人机的主体，也称为机身。电动机、电调和飞控板（飞行控制器）等设备都要安装在机架上面。机架的大小，取决于桨翼的尺寸及电动机的体积，桨翼越大、马达越大，机架的大小也会随之增加。机架一般采用轻物料制造为主。

机架按材质一般可以分为以下几种类型：

（1）塑胶机架

塑胶机架具有一定的刚度、强度和可弯曲度，价格比较低廉，如图 2-15 所示。

图 2-15　塑胶机架

（2）玻璃纤维机架

玻璃纤维机架的强度比较高，需要的材料较少，可以减轻整体机架的重量。

（3）碳纤维机架

碳纤维机架的价格贵一些，但重量轻一些。出于结构的强度和重量考虑，一般采用碳纤维材质。碳纤维机架如图 2-16 所示。

图 2-16　碳纤维机架

2．起落架

起落架是多旋翼无人机唯一和地面接触的部位。作为整个机身在起飞和降落时的缓冲，也为了保护机载设备，要求起落架的强度高，结构牢固，和机身保持可靠的连接，能够承受一定的冲力。起落架如图 2-17 所示。

图 2-17　起落架

3．电动机

电动机是多旋翼无人机的动力机构，提供升力、推力等。无刷电动机去除了电刷，最直接的变化就是没有了有刷电动机运转时产生的电火花，这样就极大减少了电火花对遥控无线电设备的干扰。无刷电动机没有了电刷，运转时摩擦力大大减小、运行顺畅、噪声降低。无刷电动机如图 2-18 所示。

图 2-18　无刷电动机

4．电调

电调即电子调速器，它将飞控的控制信号转变为电流信号，用于控制电动机转速。同时电调在多旋翼无人机中也充当了电压变化器的作用，将 11.1V 电压转换为 5V 电压给飞控供电。电子调速器如图 2-19 所示。

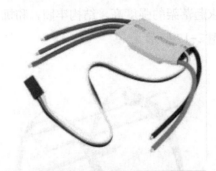

图 2-19　电子调速器

5. 电池

电池是电动多旋翼无人机的供电装置，给电动机和机载电子设备供电。最小是 1S 电池（1S 代表 3.7V 电压），常用的是 3S、4S、6S。锂电池如图 2-20 所示。

图 2-20　锂电池

6. 螺旋桨

螺旋桨能够提供必要的拉力或推力使飞机在空气中移动，多旋翼无人机的螺旋桨安装在电动机上，螺旋桨如图 2-21 所示。多旋翼无人机安装的都是不可变总距的螺旋桨。

图 2-21　螺旋桨

7．飞控系统

飞控系统是多旋翼无人机的核心设备，飞控系统一般包括内置控制器、陀螺仪、加速度计、气压计等组成部分。无人机便是依靠这些传感器来稳定机体，再依据 GPS 及气压计数据，便可将无人机锁定在指定的位置及高度。NAZA 飞控系统如图 2-22 所示。

图 2-22　NAZA 飞控系统

8．遥控装置

遥控装置包括遥控器和接收机，接收机装在无人机上。一般按照通道数将遥控器分成六通道、八通道、十四通道等。遥控器如图 2-23 所示。

图 2-23　遥控器

9．GPS模块

GPS 模块用于测量多旋翼无人机当前的经纬度、高度、航迹方向、地速等信息。一般在 GPS 模块中还会包含地磁罗盘（三轴磁力计），用来测量飞机当前的航向。

10．任务设备

目前最多的就是云台，常用的有两轴云台和三轴云台；云台作为照相机或摄像机的增稳设备，提供两个或三个方向的稳定控制。云台可以和控制电动机的装置集成在一个遥控器中，也可以用单独的遥控器控制。

11. 数据链路

数据链路包括数传和图传。数传就是数字传输，数传终端和地面控制站（笔记本计算机或手机等数据终端）接受来自飞控系统的数据信息。图传就是图像传输，接受机载照相机或摄像机拍摄的图像。数传模块如图 2-24 所示。

图 2-24　数传模块

2.2.2　多旋翼无人机的布局

多旋翼按形状可分为十字形、X 形、H 形、上下布局等。

1. 十字形布局

十字形多旋翼是最早出现的一种气动布局，因为其前后左右飞行的控制比较直观，只需改变少量电动机转速就可实现，便于飞控算法的开发，但在航拍时飞机正前方螺旋桨会进入画面。十字形布局如图 2-25 所示。

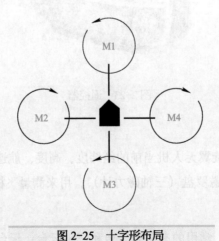

图 2-25　十字形布局

2. X形布局

X 形多旋翼是目前最常见的，特别是小尺寸 4 旋翼，由于结构简单而受到很多飞行器爱好者的喜爱。相比十字形多旋翼，前后左右动作时加减速的电动机较多，控制比较迅速和有力。X 形布局如图 2-26 所示。

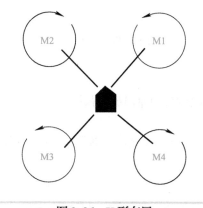

图 2-26　X 形布局

3. H形布局

其特点在于比较易于设计成水平折叠结构，看起来比 X 形厚重，又拥有与 X 形相当的特点，结构简单，方便控制。H 形布局如图 2-27 所示。

图 2-27　H 形布局

4. 上下布局

上下分布多用于体积受到限制，但是对载重量又有较大需求的场合。使用 3 旋翼或 4 旋翼的尺寸就可以做到 6 旋翼或 8 旋翼的载重量。上下布局如图 2-28 所示。

激光雷达

图 2-28 上下布局

5. 其他布局

如 8 轴 16 旋翼，6 轴 18 旋翼，4 轴 16 旋翼等。

本章小结

本章介绍了固定翼无人机的结构组成及功用、固定翼无人机的布局形式、多旋翼无人机结构组成及功用、多旋翼无人机的布局形式，为后面学习无人机组装与调试等知识打下基础。

习题

1. 固定翼无人机有哪些布局类型？
2. 简述固定翼无人机的组成及各部分功用。
3. 简述单立尾翼的组成。
4. 多旋翼无人机由哪些部分组成？
5. 多旋翼无人机有哪些布局类型？

无人机
的动力系统

第3章

本章概述

本章主要讲述无人机电池动力系统的组成、各组成部分的功用、活塞式发动机以及涡轮发动机的结构组成及工作原理，重点讲述直流无刷电动机以及空心杯电动机的结构及工作原理、二冲程和四冲程活塞式发动机的构造原理。

学习目标

1) 掌握电池动力系统的组成及功用；

2) 掌握直流无刷电动机和空心杯电动机的基本结构和工作原理；

3) 了解燃油动力系统的结构组成及工作原理；

4) 掌握二冲程活塞式发动机的构造原理；

5) 了解其他类型燃油发动机的构造原理。

3.1 电池动力系统

3.1.1 螺旋桨

螺旋桨是一个可旋转的叶面，它提供必要的拉力或推力使飞机在空气中移动，螺旋桨产生的升力大小依赖于桨叶的形态、迎角和发动机或电动机的转速。

螺旋桨可分为定距螺旋桨和不定距螺旋桨。定距螺旋桨不能改变桨距，这种螺旋桨只有在一定空速和转速组合下才能获得最好的效率。变距螺旋桨是指在飞行中能根据飞行速度和高度自动改变桨叶迎角的螺旋桨。

轻型、微型无人机一般安装定距螺旋桨，小型、大型无人机根据需要可通过安装变距螺旋桨提高动力性能。

电动无人机的螺旋桨安装在电动机上，多旋翼无人机的螺旋桨主要指标有螺距和尺寸，用4位数字表示前面两位代表桨的直径，后面两位是桨的螺距。

正反桨：四轴飞行为了抵消螺旋桨的自旋，相邻桨的旋转方向是不一样的，所以需要正反桨。桨叶有字的一面向上，右边桨叶的迎风面（桨缘是平滑弧线的是迎风面）在后面的是正桨，右边桨叶的迎风面在前面的是反桨。安装的时候，一定记得无论是正桨还是反桨，有字的一面是向上的（桨叶圆润的一面要和电动机的旋转方向一致）。

桨的材质：桨的材质主要分为塑料桨、碳纤桨和木桨。

（1）塑胶桨

塑胶桨缺点是桨身软、大载重、高速、大拉力时会轻微变形、产生颤振，如图3-1所示。

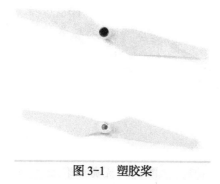

图3-1 塑胶桨

（2）碳纤桨

碳纤桨的材料为碳纤维，优点是硬度高、刚度高、不变形、效率高、颤振小，缺点是价格高、极脆、碰到硬物易受损，如图3-2所示。

图3-2 碳纤桨

（3）木桨

木桨的材料多为榉木，硬度高、重量轻、经过风干、打蜡、上漆后不怕受潮，优点是振动小、无颤振、价格平衡，缺点是效率比APC和碳桨低，如图3-3所示。

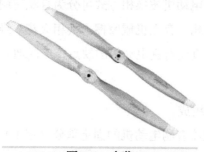

图3-3 木桨

3.1.2 电调

动力电动机的调速系统统称为电调，全称为电子调速器，针对动力电动机的不同，可分为有刷电调和无刷电调。无刷电调如图 3-4 所示。

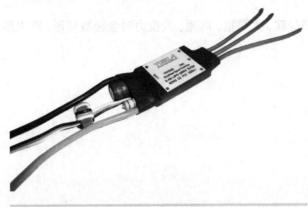

图 3-4　无刷电调

电调的作用就是将飞控板的控制信号，转变为电流的大小，以控制电动机的转速。电调在多旋翼无人机当中还起到了电压变化器的作用，将 11.1V 的电压转变为 5V，为飞控板和遥控器供电。

对于它们的连接，一般情况下：

1）电调的输入线与电池连接；

2）电调的输出线（有刷两根，无刷三根）与电动机连接；

3）电调的信号线与接收机连接。

另外，电调一般有电源输出功能，即在信号线的正负极之间有 5V 左右的电压输出，通过信号线为接收机及舵机供电。

3.1.3　电动机

无人机使用最多、应用最广的动力装置是电动机，它可以为无人机提供升力、推力等。

电动机的优点是结构简单、飞行平稳、操作容易、维护便利、无污染等，受到各无人机设计制造者的青睐。直流电动机按换相方式可分为直流有刷电动机、直流无刷电动机。直流有刷电动机采用机械换相，存在机械摩擦、换相火花、维修困难等缺点；直流无刷电动机采用电子换相，弥补了直流有刷电动机的缺点，广泛地应用于无人机领域。

1. 直流有刷电动机

（1）直流有刷电动机的组成

如图 3-5 所示，两极直流有刷电动机的固定部分（定子）上装设了一对直流励磁的静止的主磁极 N 和 S，在旋转部分（转子）上装设电枢铁芯，定子与转子之间有一气隙。在电枢铁芯上放置了由 A 和 X 两根导体连成的电枢线圈，线圈的首端和末端分别连到两个圆弧形的铜片上，此铜片称为换向片。换向片之间互相绝缘，由换向片构成的整体称为换向器。换向器固定在转轴上，换向片与转轴之间亦互相绝缘。在换向片上放置着一对固定不动的电刷 B1 和 B2，当电枢旋转时，电枢线圈通过换向片和电刷与外电路接通。

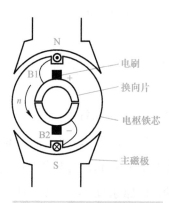

图 3-5 直流有刷电机结构

所有直流有刷电机的基本组件都是一样的，都是由定子、转子等组成。

1）定子：定子主要起到电磁感应作用，用以产生磁场并起到机械支撑的作用，由主磁极、换向磁极、机座、端盖、轴承、电刷装置等部件组成。

① 主磁极：主磁极由主磁极铁芯、励磁绕组组成，用于产生工作磁场。主磁极铁芯是用薄钢板冲制后叠装而成的，主磁极绕组是用电磁线（小型电动机）或扁铜线（大中型电动机）绕制而成的。主磁极是直流电动机的电磁感应部分，其作用是改变励磁电流方向，可改变励磁磁场方向，产生恒定的气隙磁通。

② 换向极：换向极是位于两个主磁极之间的小磁极，又称附加极，用于产生换向磁场，以减小电流换向时产生的火花，它由换向铁芯和换向极绕组组成。

③ 机座：机座是直流电机的机械支撑，用来固定主磁极、换向极和端盖。机座又是电动机磁路的一部分，机座上作为磁路的部分称为磁轭。为保证机座的机械强度和导磁性能，机座通常采用铸铁或厚钢板焊接而成，或直接用无缝钢管加工而成。

④ 电刷装置：电刷装置由电刷、刷握、刷杆、压缩弹簧和铜丝瓣等组成。电刷一般用石墨粉压制而成，其作用是通过电刷与换向器表面的滑动接触，将直流电压、直流电流引入或引出电刷绕组，与换向片配合，完成直流与交流的互换。

2）转子（电枢）：转子的作用是产生电磁转矩和感应电动势，它是能量转换的枢纽，由电刷铁芯、电枢绕组、换向器、风扇、转轴等部件组成。

① 电枢铁芯：电枢铁芯属于电动机磁路的一部分，主要作用是导磁和嵌放电枢绕组，为减少电动机中的铁耗，常将电枢铁芯用 0.5mm 厚的硅钢片叠压而成。

② 电枢绕组：电枢绕组是电动机的电路部分，其作用是产生感应电动势，通过电流产生电磁转矩、传送电磁功率、实现电动机能量转换，是电动机中最关键的部件之一。电枢绕组由许多用绝缘导线绕组的线圈组成，各线圈以一定的规律焊接到各换向片上而连接成一个整体。

③ 换向器：换向器是直流电动机的关键部件。在电动机中和电刷一起将电动机外的直流电流转换成绕组内的交流电流；在电动机中和电刷一起将输入的直流电流转换成交流电流。

④ 转轴：转轴用来传递转矩。为了使电动机可靠地运行，转轴一般用合金钢锻压加工而成。

⑤ 风扇：风扇用来散热，降低电动机运行中的温升。

3) 气隙：直流电动机的气隙是指定子、转子之间的间隙。气隙是电动机主磁极与电枢之间的间隙，小型电动机气隙为 1 ~ 3mm，大型电动机气隙为 10 ~ 12mm。气隙虽小，但是因为空气磁阻较大，在电动机磁路系统中有重要作用，其大小、形状对电动机性能有很大的影响。

(2) 直流有刷电动机的工作原理

如图 3-6a 所示，电刷分别与两个半圆环 A、B 接触，这时两电刷之间输出的是直流电。电流方向是从 a 经过 b、c 到 d。这时线圈在磁极之间会受到力的作用，根据左手定则，线圈 ab 边受到一个向左的力 F，线圈 cd 边受到一个向右的力 F。线圈在力 F 的作用下会按逆时针方向旋转。

当线圈的 ab 边转到 S 极范围内时，cd 边就转到 N 极范围内（见图 3-6b），电流方向是从 d 经过 c、b 到 a，电流方向发生改变。根据左手定则，线圈 ab 边受到一个向右的力 F，线圈 cd 边受到一个向左的力 F。线圈在力 F 的作用下会继续按逆时针方向旋转。由此可见，在转子旋转一圈的过程中，线圈中的电流要进行一次换向，才能保证转子持续运转。

当线圈不停地旋转时，虽然与两个电刷接触的线圈边不停地变化，但是，切割磁力线的线圈两边 ab 和 cd 不断变换电流方向，以保证线圈受力为同一个方向，使电动机能按一个方向持续旋转。

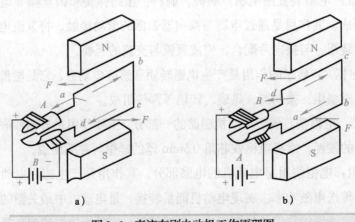

图 3-6　直流有刷电动机工作原理图

ⓐ 电流方向 a → d　ⓑ 电流方向 d → a

2. 直流无刷电动机

(1) 直流无刷电动机的组成

直流无刷电动机主要由用永磁材料制造的转子、带有线圈绕组的定子和位置传感器（可有可无）组成，如图 3-7 所示。

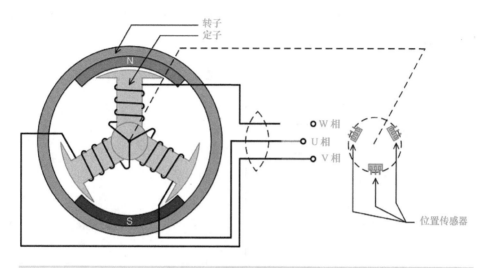

图 3-7　直流无刷电动机模型

1）定子：BLDCM（Brushless Direct Current Motor，无刷直流电动机）的定子是由许多硅钢片经过叠压和轴向冲压而成的。每个冲槽内都有一定的线圈组成了绕组，如图 3-7 所示。从传统意义上讲，BLDCM 的定子和感应电动机的定子有点类似，不过在定子绕组的分步上有一定的差别。大多数 BLDCM 的定子有多个呈星形排列的绕组。每个绕组又由许多内部结合的硅钢片按照一定的方式组成，偶数个绕组分布在定子的周围组成了偶数个磁极。

BLDCM 的定子绕组可以分为梯形和正弦两种绕组。它们的根本区别在于绕组不同的连接方式使它们产生的反电动势不同，分别呈现梯形和正弦波形，故以此命名。

2）转子：转子是多对永磁体按照 N 极和 S 极交替排列在转子周围的方式构成的（内转子型）。如果是外转子型 BLDCM，那么就是贴在转子内壁。

可见，直流无刷电动机和直流电动机有很多共同点，定子和转子的结构差不多（原来的定子变为转子，转子变为定子），绕组的连线也基本相同。但是结构上它们有一个明显的区别：直流无刷电动机没有直流电动机中的换向器和电刷，取而代之的是位置传感器。这样，电动机结构就相对简单，降低了电动机的制造和维护成本，但直流无刷电动机不能自动换相，造成电动机控制器成本的提高。

(2) 直流无刷电动机的结构

直流无刷电动机的定子有三相绕组，分为星形联结方式和三角形联结方式。

1）星形联结方式：定子绕组的联结方式（转子未画出）如图 3-8 所示，3 个绕组通过中心的连接点以 "Y" 形的方式被联结在一起。整个电动机就引出三根线 A、B、C。

2）三角形联结方式：定子绕组的三角形联结方式（转子未画出）如图 3-9 所示，3 个绕组通过 A 尾 - C 头、B 尾 - A 头、C 尾 - B 头的方式被联结在一起。整个电动机就引出 3 根线 A、B、C。

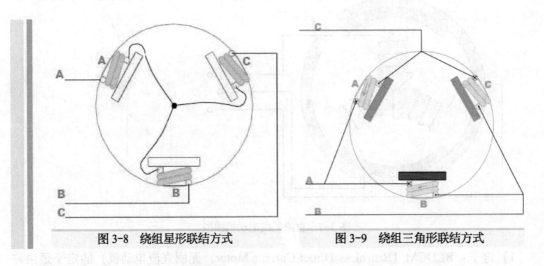

图 3-8　绕组星形联结方式　　　　　图 3-9　绕组三角形联结方式

直流无刷电动机如图 3-10 所示。

图 3-10　直流无刷电动机

（3）常用参数

常用的参数：T 数、KV 值、尺寸。

T 数：指线圈绕的圈数，无刷电动机因为结构限制，常从输入端开始，结束于另外一侧，因此 T 通常不是整数，会多 0.5 圈。

KV 值：指转速 /V，意思为输入电压增加 1V，无刷电动机空转转速增加的转速值。

尺寸：电动机的尺寸常由4位数字表示，如2212电动机、2018电动机等，其中前面两位是电动机转子的直径，后面两位是电动机转子的高度。

3. 空心杯电动机

(1) 空心杯电动机的基本结构

空心杯电动机的结构组成为：后盖、接线端子、电刷端盖、电刷、换向器、杯形绕组（转子）、转轴、垫圈、滑动轴承、外壳、磁铁（定子）、法兰、定位环，如图3-11所示。

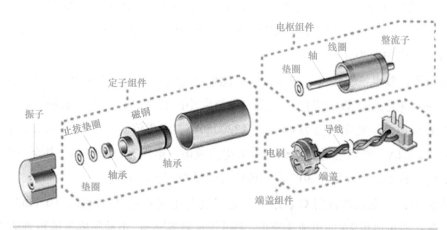

图3-11 空心杯电动机的结构

外壳提供了恒定的磁场，使电动机无铁损耗。没有软磁性牙齿，所产生的转矩是均匀的，即使在低速条件下也能使运行平稳。在较高的速度下，电动机能减少振动，减少噪声。有绕组和换向器的转子，绕组通过换向板连接到轴上，线圈在磁铁和外壳之间的气隙中运动。换向系统使用一对贵金属刷而减少了电刷火花，减少的电刷火花产生较少的电磁排放。

(2) 空心杯电动机的工作原理

无刷空心杯电动机由一个三相空心杯绕组、一个稀土永磁性材料制成的磁钢以及无传感器的电子换向电路组成。空心杯直流无刷电动机保持着直流有刷电动机的优良机械及控制特性，在电磁结构上与直流有刷电动机一样，但它的电枢绕组放在定子上，转子上放置永久磁钢。空心杯直流无刷电动机的电枢绕组像交流电动机的绕组一样，采用多相形式，经由逆变器接到直流电源上，定子采用位置传感器或无位置传感器技术实现电子换向代替直流有刷电动机的电刷和换向器，各项逐次通电产生电流，和转子磁极主磁场相互作用，产生转矩，使电动机旋转。

3.1.4 电池

1. 无人机电池的规格参数

电池容量：电池的容量额定值表示其输出电量，或者在电池前以给定速率从电池获取电量的时间长度达到截止电压或放电。电池的容量用 Ah（安时）或者 mAh（毫安时）标注，例如，1000mAh 电池，表示如果以 1000mA 放电，可持续放电 1h；如果以 500mA 放电，可以持续放电 2h。从电池获取电量越快，电池持续的时间越短。

电池电压：用 V 标注，表示电池正负极之间的电压压降。目前工业生产的每一个锂聚合物电池单体电芯的额定电压都是 3.7V，为了让电池能有更高的工作电压和电量，必须对电池单体电芯进行串联和并联构成锂聚合物电池组，电池组上面经常出现 S 和 P 的字样，S 表示串联，P 表示并联。例如，"6S1P" 就是 6 节电芯串联，如果是 "4S2P" 就是每 4 节电芯串联，然后 2 串这样的电芯组再并联成一块完整的电池。电芯单体 1 节标注电压为 3.7V，充满电压为 4.2V。

放电倍率：放电倍率代表了锂聚合物电池放电电流的大小，代表电池放电能力，这个放电能力用 C 来表示，表示电池充放电时电流大小的比率，即倍率。例如，2200mAh 的电池，0.2C 放电表示放电电流为 440mA（2200mAh 的 0.2 倍率），1C 放电表示放电电流 2200mA，即 2.2A。如果用低 C 数的电池大电流放电，电池会迅速损坏，甚至自燃。另外倍率越高电池越贵，同容量的 30C 电池价格可能是 5C 的 3、4 倍。

充电倍率：充电倍率也用 C 表示，只是将放电变成了充电，例如，1000mAh 电池，2C 充电，就代表可以用 2A 的电流来充电。超过规定参数充电，电池很容易缩短寿命或损坏。

终止放电电压：锂离子电池的额定电压为 3.6V（锂聚合物为 3.7V），终止放电电压为 2.5 ~ 2.75V（电池厂给出工作电压范围或给出终止放电电压，各参数略有不同）。电池的终止放电电压不应小于 2.5V，低于终止放电电压继续放电称为过放。过放会使电池寿命缩短，严重时会导致电池失效，其中锂聚合物电池过放会"胀肚"，内部产生气体，不可复原。电池不用时，应将电池电压充到 3V 以上。

放电温度：不同温度下的放电曲线是不同的。在不同温度下，锂离子电池的放电电压及放电时间也不同，电池应在 -20 ~ 60℃ 温度范围内进行放电工作。聚合物锂电池中聚合物和凝胶态电解质的离子传导率不如普通锂电池液态电解质那么高，因此在高倍率放电和低温情况下性能不佳。所以在低温环境飞行前，需要给电池做好保温。

内阻：表示电池或电池组的内阻。一些充电器将在充电周期内测试一个电池组内每个电池的内阻。随着内阻的增加，电池的性能降低。因此作为一般规则，电阻越低，电池将提供的性能越高。通常具有高放电容量的电池具有较低的内阻。电池组标签的数据通常是制造商将其产品置于最佳状态下得到的，额定为 65C 的电池组和连接器的小规格电线将无法真正处理该电流量。

2. 无人机电池充电

(1) 并行式平衡充电器

并行式平衡充电器使被充电的电池块内部每节串联的电池都配备一个单独的充电回

路。每节电池都受到单独保护，并且每节电池都按规范在充饱和后自动停止充电。并行式平衡充电的一般充电电流最大不超过 5A。下面介绍两种常见的并行式平衡充电器。

1）A6 充电器：A6 充电器具有充电截止电压且充电电流可调，可工作在人工、自动、放电、级联四种模式下，可进行充电量选择和充满使用，充电时间可设置。A6 充电器如图 3-12 所示。

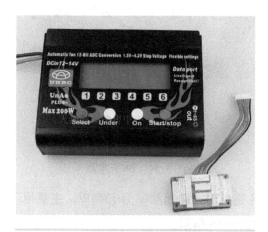

图 3-12　A6 充电器

2）乐迪 CB86PLUS：乐迪 CB86PLUS 充电器可支持 8 组锂电池充电，充电电流可调。乐迪 CB86PLUS 如图 3-13 所示。

图 3-13　乐迪 CB86PLUS

(2) 串行式平衡充电器

串行式平衡充电器主要充电回路接线是在电池的输出正负极上，在电池组的各单体电池上附加一个并联均衡电路，常采用两种不同的工作原理对单体电池电压进行平衡，一类是放电式平衡，另一类是能量转移式平衡。下面介绍两种常见的串行式平衡充电器。

1）B6 充电器：B6 智能充电器的输出功率为 50～60W，主要用于机械设备、遥控器等小容量电池的充电。B6 充电器如图 3-14 所示。

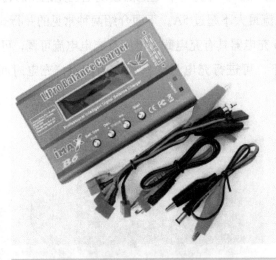

图 3-14　B6 充电器

2）PL8 充电器：PL8 充电器的输出功率为 1344W，主要用于动力电池充电以及外场快速充电。PL8 充电器如图 3-15 所示。

图 3-15　PL8 充电器

3．充电器辅助设备

（1）电源适配器

目前常见的充电器输入电压一般在 12 ～ 48V，只有小功率的充电器将电源适配器与充电器集成于一体，大功率充电器基本都是独立供电的，在给充电器选配电源适配器时，考虑到备用功率、转换效率和设备损耗的影响，以及充分发挥充电器的最佳性能，电源适配器的最大输出功率和充电器的最大输出功率的比值不低于 1.2。电源适配器如图 3-16 所示。

图 3-16　电源适配器

（2）并充板

为了解决多块电池同时充电的需求，有的配套厂家开发出并充板，如图 3-17 所示。

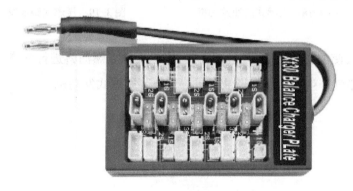

图 3-17　并充板

3.2　燃油动力系统

3.2.1　活塞式发动机

1. 活塞式发动机的构造和原理

活塞式发动机是把燃料在发动机气缸内部进行燃烧，将燃料的化学能转变成热能，然后又将热能推动汽缸内的活塞做功转变成机械能的机器。

常见的活塞式发动机根据燃料的点火方式可以分为点燃式发动机和压燃式发动机两种。大部分汽油发动机都是点燃式发动机，如图 3-18 所示；大部分柴油发动机都是压燃式发动机，如图 3-19 所示。活塞的结构如图 3-20 所示。

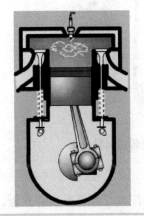

图 3-18　点燃式汽油发动机

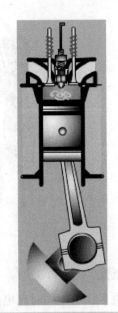

图 3-19　压燃式柴油发动机

活塞式发动机使油料燃烧的方法有两种：用电火花点燃油料进行燃烧（点燃式发动机）；利用压缩空气产生的高温点燃油料进行燃烧（压燃式发动机）。

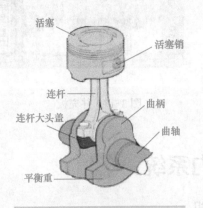

图 3-20　活塞的结构

根据活塞式发动机的工作原理还可以把活塞式发动机分为二冲程发动机和四冲程发动机两种类型。常见的压燃式发动机还包括二冲程的甲醇发动机。

2. 二冲程发动机的构造和工作原理

二冲程汽油发动机的结构如图 3-21 所示，二冲程汽油发动机的工作原理如图 3-22 所示。

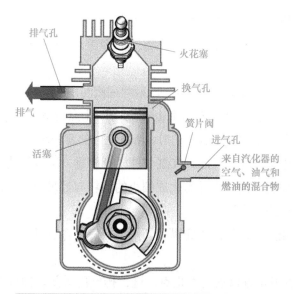

图 3-21　二冲程汽油发动机的结构

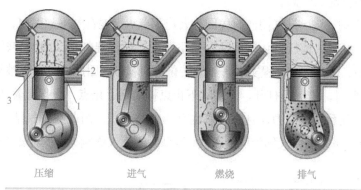

图 3-22　二冲程发动机工作原理图

1—进气道　2—排气道　3—扫气道

1）吸气：活塞由下止点向上止点移动，关闭扫气道和排气道，压缩已经进入气缸的混合气。由于活塞上移，活塞下部密闭的曲轴箱内容积不断加大，压力降低，形成真空度，当活塞下边缘将进气道打开时，在大气压力的作用下，可燃混合气被吸入曲轴箱内。可见第一行程是压缩和预进气行程 。

2）燃烧：当上一行程活塞接近上止点时，火花塞点火，点燃已压缩的混合气体。由于混合气体燃烧并急剧膨胀，推动活塞向下移动做功，同时压缩了曲轴箱内的可燃气体。活塞向下移动将排气道打开，具有一定压力的废气很快经排气道冲出体外。活塞继续向下移动，随即扫气道也被打开，曲轴箱内被压缩的可燃混合气体经扫气道进入气缸体内，同时驱逐气缸内的废气继续排出。

优点：二冲程发动机结构比较简单、重量轻、尺寸小。另外由于曲轴转一圈就有一次做功，因此，当二冲程发动机与四冲程发动机气缸工作容积、压缩比、曲轴转速、每循环供油量以及其他条件相同时，二冲程发动机的实际功率将比四冲程发动机要大。

缺点：耗油大、废气污染大，可靠性和经济性较差。

3. 四冲程汽油发动机的工作原理及构造

四冲程汽油发动机的结构如图3-23所示，四冲程汽油发动机的工作原理如图3-24所示。

1）吸气：此时，活塞被曲轴带动由上止点向下止点移动，同时，进气门开启，排起门关闭。当活塞由上止点向下止点移动时，活塞上方的容积增大，气缸内气体压力下降，形成一定的真空度。由于进气门开启，气缸与进气管相通，混合气被吸入汽缸。

进气道上的化油器将汽油吸入并雾化成细小的油粒与经过空气滤清器的空气混合，即形成可燃混合气，而后进入汽缸。

当活塞移动到下止点时，气缸内充满了新鲜混合气并含有部分上一个工作循环未排出的废气。

2）压缩：活塞由下止点移动到上止点，进、排气门关闭。曲轴在飞轮惯性力的作用下旋转，通过连杆推动活塞向上移动，气缸内的气体容积逐渐减小，气体被压缩，汽缸内的混合压力与温度随之升高。

3）做功：此时，进、排气门同时关闭，火花塞点火，混合气剧烈燃烧，气缸内的温度、压力急剧上升，高温、高压气体推动活塞向下移动，通过连杆带动曲轴旋转。在发动机工作的四个过程中，只有这个行程实现将热能转化为机械能，因此这个行程被称为做功行程。

4）排气：此时，排气门打开，活塞从下止点移动到上止点，废气随着活塞的上行被排出气缸。由于排气系统的阻力，且燃烧室也有一定的容积，因此在排气结束后不可能将废气排净，这部分留下来的废气称为残余废气。残余废气不仅影响充气，对燃烧也有不良影响。

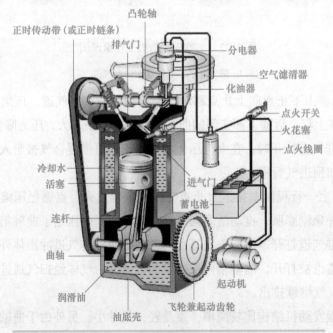

图3-23　四冲程汽油发动机的结构

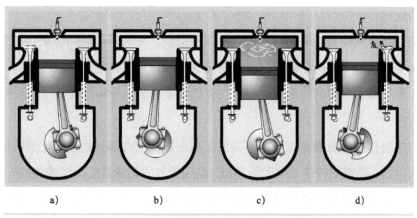

图 3-24　四冲程汽油发动机的工作原理图

ⓐ 吸气　ⓑ 压缩　ⓒ 做功　ⓓ 排气

3.2.2　燃气涡轮发动机

1. 燃气涡轮发动机的组成

涡轮航空发动机一般由进气道、压气机、燃烧室、燃气涡轮、尾喷管 5 个部分组成，如图 3-25 所示。

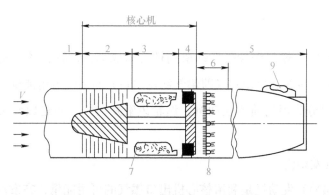

图 3-25　航空涡轮发动机组成示意图

1—进气道　2—压气机　3—燃烧室　4—燃气涡轮　5—尾喷管
6—加力燃烧室　7—喷油嘴　8—加力喷油嘴　9—可调喷口作动筒

（1）进气道

进气道是发动机的进气通道，其作用是整理进入发动机的气流，消除旋涡，并利用飞行时冲入的气流提高压力。

（2）压气机

压气机（压缩机）是利用高速旋转的叶片对空气做功，以提高空气压力的部件。压气机有离心式和轴流式两种形式。

（3）燃烧室

燃烧室是将压气机流出来的高压空气与燃料混合，并进行燃烧的装置。在燃烧室里，燃料（如航空煤油）中的化学能经过燃烧转变为热能，使气体温度大幅度提高。燃烧室的高温、高压燃气具有很高的能量，这些燃气在燃烧室后的涡轮和尾喷管中膨胀而做功。

（4）涡轮

涡轮的主要作用是将燃烧室流出的高温、高压燃气的大部分能量转化为机械能，是使由涡轮轴输出的、高速旋转并产生大量高温、高压燃气的能量转变为机械能的一种叶片机。涡轮发动机中，燃气涡轮的机械能以轴功率的形式输出，用来驱动压气机、螺旋桨、旋翼和其他附件。

（5）尾喷管

尾喷管是发动机的排气系统，一般由中介管和喷口组成。如果发动机装在飞机中部或较长的发动机短舱内，为了将燃气引出机外，在中介管和喷口之间需要有一个延伸管，其主要作用是将由涡轮流出的、仍有一定能量的燃气膨胀加速，以较大的速度排出发动机，用以产生推力。利用燃气流产生反作用力的发动机都有较长的尾喷管，其作用是使燃气能在其中膨胀加速而获得较大的推力。

2. 燃气涡轮发动机的核心机

压气机、燃烧室、燃气涡轮是发动机的核心组成部分，称为核心机。发动机的工作主要由核心机完成。按核心机出口（即燃气涡轮出口）的燃气可用能量的利用方式划分，燃气涡轮发动机可分为涡轮喷气发动机、涡轮风扇发动机、涡轮螺旋桨发动机、涡轮轴发动机。

（1）涡轮喷气发动机

涡轮喷气（涡喷）发动机是利用核心机出口燃气的可用能量，在发动机尾喷管中转变成燃气的动能，以很高的速度从喷口排出而产生推动力的一种涡轮发动机。

航空涡轮喷气发动机具有燃气涡轮发动机的 5 个主要组成部分，可以将其视为燃气涡轮发动机的基本形式，而其他涡轮发动机是在其基础上增加了一些部件而形成的。

涡喷发动机核心机与其他涡轮发动机相同，不同的是尾喷管的设计应能满足燃气充分膨胀加速的要求，从而得到较大的推力。这种喷管以产生推力为主要作用，称为推进喷管。常见的推进喷管为一个收敛管道或先收敛后扩散管道，以增大排气速度。

涡喷发动机转速高、推力大、直径小，主要适用于超声速飞行，缺点是耗油率大，特别是低转速时更大，因此经济性差。此外，由于排气速度大，噪声也大。

（2）涡轮风扇发动机

涡轮风扇（涡扇）发动机是推进喷管排出燃气和风扇加速空气共同产生推力的涡轮发动机，这种发动机在涡喷发动机组成部分的基础上，增加了风扇和驱动风扇的动力（自由）涡轮（也称为低压涡轮）。带动压气机的涡轮，即核心机的涡轮在此称为高压涡轮，如图 3-26 所示。

涡轮风扇发动机有内涵和外涵两个通道。空气经过风扇之后分成两路：一路是内涵气流，经低压压气机、高压压气机、燃烧室、高压涡轮、低压涡轮，燃气从喷管排出；另一路是外涵气流，风扇后空气经外涵道直接排入大气或同内涵燃气一起在喷管排出。也就是说，涡扇发动机可以是分开排气的或混合排气的，可以是短外涵的或长外涵（全涵道）的。通过外涵的空气质量流量和通过内涵的空气质量流量之比称为涵道比。风扇可作为低压压气机的第 1 级由低压涡轮驱动，也可以由单独的涡轮驱动。

涡扇发动机的推力由两部分组成：内涵产生的推力和外涵产生的推力。对于高涵道比涡扇发动机，风扇产生的推力占 78% 以上。

在高亚声速范围内与涡喷发动机相比较，涡扇发动机具有推力大、推进效率高、噪声低、燃油消耗率低等优点。涡扇发动机的缺点是风扇直径大、迎风面积大，因而阻力大、发动机结构复杂，其速度特性不如涡喷发动机。

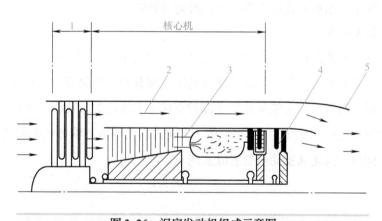

图 3-26　涡扇发动机组成示意图

1—风扇　2—外涵气流　3—内涵气流　4—动力涡轮　5—尾喷管

（3）涡轮螺旋桨发动机

涡轮螺旋桨（涡桨）发动机是一种主要由螺旋桨提供拉力和燃气提供少量推力的燃气涡轮发动机。这种发动机在涡喷发动机组成部分的基础上，增加了螺旋桨及其减速器等部件。作为飞机的动力装置，涡桨发动机主要由螺旋桨产生拉力，而燃气产生的推力很小。涡轮螺旋桨发动机的组成如图 3-27 所示。

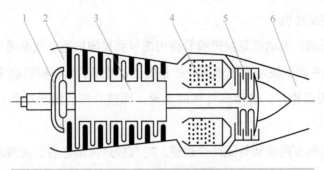

图 3-27 涡桨发动机的组成

1—螺旋桨减速器 2—进气口 3—压气机 4—燃烧室 5—燃气涡轮 6—喷管

螺旋桨由涡轮轴通过减速器带动，其传动有两种方式：一种是由驱动压气机的涡轮轴直接带动，称为单轴式涡桨发动机，这种方式需要涡轮输出更大的功率，因此涡轮级数较多；另外一种方式是驱动压气机的涡轮与驱动螺旋桨的涡轮分开，各由一根轴与压气机和螺旋桨减速器相连。涡桨发动机的工作过程与涡扇发动机相似，由核心机出来的燃气可用能量，大部分在通过动力涡轮时转变成轴功率用以带动螺旋桨产生拉力，小部分用于在尾喷管中加速气流而产生推力。

涡轮螺旋桨发动机与活塞式航空发动机相比，具有功率重量比大、振动小、耗油率低、高空性能好的优点；与涡喷、涡扇发动机相比也有耗油率低的优点。受螺旋桨不适合高速飞行的限制，涡桨发动机不宜用作高速飞机的动力装置。

（4）涡轮轴发动机

涡轮轴（涡轴）发动机是利用燃气通过动力涡轮输出功率的一种燃气涡轮发动机，已是现代直升机的主要动力装置。涡轴发动机的组成部分和工作原理与涡桨发动机相同，只是核心机出口后，燃气的可用能量几乎全部转变成动力涡轮的轴功率，用以通过减速器带动直升机的旋翼和尾桨，因而燃气不提供推力。动力涡轮的输出轴可以由发动机前部伸出，也可以由后部伸出。涡轮轴发动机的组成如图 3-28 所示。

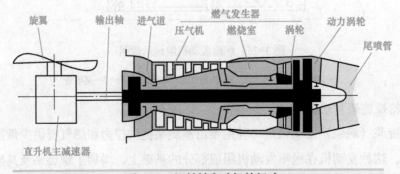

图 3-28 涡轮轴发动机的组成

受直升机的旋翼和尾桨转速不能太大的限制，动力涡轮必须通过减速器才能带动旋翼和尾桨，涡轴发动机不能用于其他航空器。涡轴发动机与活塞式发动机相比较，具有功率大、功率重量比大、体积较小的优点。因此涡轴直升机装载量、航程、升限、速度都比活塞式直升机大，经济性也更好。此外，由于涡轴发动机的运动部件较少，工作又是连续进行，所以振动也比活塞式发动机小。其缺点是构造较复杂，而且制造困难，成本也高，减速器系统又大大增加了重量。

本章小结

当前无人机的动力系统主要有电池动力系统和燃油动力系统。通过本章的学习，学生可以初步认识无人机电动机、电调、电池、螺旋桨的类型、特点、功用以及目前主流发动机的构造原理。

习题

1. 无人机的电池动力系统是由哪几部分组成的？
2. 螺旋桨有哪些材质？各有什么特点？
3. 无人机的电调有什么作用？
4. 无刷直流电动机常用的参数有哪些？外转子电动机的规格为 2208 表示什么含义？
5. 简述燃气涡轮发动机的组成。
6. 简述二冲程发动机的工作原理。

无人机
的航电系统

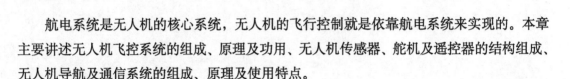

第 4 章

本章概述

航电系统是无人机的核心系统，无人机的飞行控制就是依靠航电系统来实现的。本章主要讲述无人机飞控系统的组成、原理及功用、无人机传感器、舵机及遥控器的结构组成、无人机导航及通信系统的组成、原理及使用特点。

学习目标

1）掌握飞控系统的组成及功用；

2）掌握主流传感器的类型及作用；

3）掌握舵机的结构及工作原理；

4）掌握遥控器的操作形式；

5）了解导航系统的类型、组成及特点；

6）了解通信链路系统的组成及功用。

4.1 无人机飞行控制系统

4.1.1 飞控概述

扫码看视频

无人机飞行控制系统是控制无人机飞行姿态和运动方向的设备，是无人机完成起飞、空中飞行、执行任务、返场回收等整个飞行过程的核心系统。

无人机的飞行控制系统主要由陀螺仪、地磁传感器（如电子罗盘）、加速度计、气压计、超声波传感器、光流传感器、GPS 模块以及控制电路等组成。主要的功能是自动保持飞机的正常飞行姿态。

固定翼无人机飞行的控制通常包括方向、副翼、升降、油门、襟翼等，通过舵机改变飞机的翼面，产生相应的转矩，控制飞机转弯、爬升、俯冲、横滚等。

传统直升机形式的无人机通过控制直升机的倾斜盘、油门、尾舵等，控制飞机转弯、爬升、俯冲、横滚等。

多旋翼无人机一般通过控制各轴桨叶的转速来控制无人机的姿态，以实现转弯、爬升、俯冲、横滚等动作。

工作原理：无人机飞控系统实时采集各传感器测量的飞行状态数据、接收无线电测控终端传输的由地面测控站上行信道送来的控制命令及数据，经计算处理，输出控制指令给执行机构，实现对无人机中各种飞行模态的控制和对任务设备的管理与控制；同时将无人

机的状态数据及发动机、机载电源系统、任务设备的工作状态参数实时传送给机载无线电
数据终端，经无线电下行信道发送回地面测控站。

4.1.2 飞控板

飞控板是多旋翼飞行器的核心设备，是飞行控制集成电路板的简称。

目前市面上的飞控板品种较多，国内主流品牌有大疆科技、零度智控、极飞科技、华
科尔、亚拓等；开源阵营有 PIX、APM、MWC、KK 等。APM 的飞控板如图 4-1 所示。

图 4-1　APM 的飞控板

飞控板的主要功能如下：

1）处理来自遥控器的信号，完成要求的飞行姿态或其他指令。

2）控制电调，给电调发送信号来调节电动机转速，实现控制改变飞行姿态的功能。

3）通过板载的测量元件以及控制电调的输出信号来保持多旋翼无人机的稳定。

4.2　传感器

4.2.1 陀螺仪

陀螺仪是利用陀螺效应原理制造出来的一种用来测量物体角速度的传感器，如图 4-2
所示。

陀螺仪的种类很多，按用途来分，可以分为传感陀螺仪和指示陀螺仪。传感陀螺仪用
于飞行体运动的自动控制系统中，作为水平、垂直、俯仰、航向和角速度传感器。指示陀
螺仪主要用于飞行状态的指示，作为驾驶和领航仪表使用。

图 4-2　陀螺仪

4.2.2　电子罗盘

电子罗盘也称为数字指南针，是现代人用电子技术制作的利用地磁场来定北极的一种仪器。现代利用先进加工工艺生产的磁阻传感器为罗盘的电子化提供了有力的帮助，如用磁阻传感器和磁通门加工而成的电子罗盘。电子罗盘可以分为平面电子罗盘和三维电子罗盘。

4.2.3　加速度计

加速度计是惯性导航系统的重要惯性元件，它用于测量飞机的线加速度，并输出与加速度成比例的电信号。

通常由质量块、阻尼器、弹性元件、敏感元件和适调电路等部分组成。传感器在加速过程中，通过对质量块所受惯性力的测量，利用牛顿第二定律获得加速度值。根据传感器敏感元件的不同，常见的加速度传感器包括电容式、电感式、应变式、压阻式、压电式等。

4.2.4　气压计

气压计是根据气压随高度的变化规律及托里拆利的实验原理而制成的用以测量大气压强的仪器，根据压强来确定所在高度，如图 4-3 所示。

图 4-3　气压计

4.2.5　超声波传感器

超声波传感器是将超声波信号转换成其他能量信号（通常是电信号）的传感器。

超声波传感器是由超声波发射器、接收器、控制部分及电源组成。超声波发射器向某一方向发射超声波，在发射的同时开始计时，超声波在空气中传播，途中碰到障碍物就立即返回来，超声波接收器收到反射波就立即停止计时。

超声波是振动频率高于20kHz的机械波。它具有频率高、波长短、绕射现象小，特别是方向性好、能够成为射线而定向传播等特点，在无人机系统中常常用作无人机避障，如图4-4所示。

图4-4　超声波传感器

4.2.6　光流传感器

光流法是一种简单实用的图像运动的表达方式，通常定义为一个图像序列中的图像亮度模式的表观运动，即空间物体表面上的点的运动速度在视觉传感器的成像平面上的表达。

光流传感器（见图4-5）通过图像采集系统以一定的速率连续采集物体表面图像，再由DSP（Digital Signal Processor，数字信号处理器）对所产生的图像数字矩阵进行分析。由于相邻的两幅图像总会存在相同的特征，通过对比这些特征点的位置变化信息，便可以判断出物体表面特征的平均运动，这个分析结果最终被转换为二维的坐标偏移量。当人的眼睛观察运动物体时，物体的景象在人眼的视网膜上形成一系列连续变化的图像，这一系列连续变化的信息不断"流过"视网膜（即图像平面），好像一种光的"流"，因此称为光流（Optical Flow）。光流表达了图像的变化。由于它包含了目标运动的信息，因此可被观察者用来确定目标的运动情况。

图4-5　光流传感器

4.3 遥控器

4.3.1 无线电遥控

采用无线电遥控方式时，无人机的活动半径和飞行自由度主要受机载和地面遥控设备的发射功率、无线电波的传输距离以及飞行器本身性能的限制。无线电遥控往往只能用于较近距离的飞行控制。在民用无人机里无线电遥控是最常见的控制方式。

4.3.2 影响遥控器距离的因素

1. 发射功率

发射功率大则距离远，但耗电大，容易产生干扰。

2. 接收灵敏度

接收器的接收灵敏度提高，遥控距离增大，但容易受到干扰而造成误动或失控。

3. 天线

采用定向天线传输距离远，但需要实时根据飞行器所在位置调整方向，全向天线传输距离近，但是传向四面八方，无需调整。

4. 高度

天线越高，遥控距离越远，但受客观条件限制。

5. 阻挡

目前的无线遥控器使用的是国家规定的 UHF 频段，其传播特性和光近似，直线传播、绕射较小，发射器和接收器之间如果有墙壁阻挡，遥控距离将大大减少，如果是钢筋混凝土的墙壁，由于导体对电波的吸收作用，对遥控距离的影响会更甚。

4.3.3 无人机遥控器结构

1. 通道

通道其实就是遥控器可以同时控制的动作路数。四轴的无人机在控制过程中需要控制的动作路数有上升下降、左右运动、前后运动、偏航运动、姿态调整，所以无人机飞行最低需要 5 个通道的遥控器。

第 1 通道一般指副翼，用来控制固定翼的两片副翼，以改变飞机的姿态。在多旋翼里，用来控制和改变机身横滚方向的姿态变化。

第2通道指升降，用来控制固定翼的水平尾翼，使机身抬头和低头，从而上升下降。多旋翼里，升降通道是用来控制机身前进与后退的。美国手，右边摇杆向上推，机身向前飞行；向下拉，机身向后退。日本手则是左边的摇杆控制飞机的前进与后退。

第3通道指油门通道，油门通道是用来控制发动机或电动机转速的。美国手是左边摇杆的上下控制油门大小，摇杆向上推，电动机转速增加，固定翼飞机飞行速度增加，多旋翼则是向上拉升。日本手遥控器则是右边摇杆来控制油门输出。

第4通道指方向舵，在固定翼中是用来控制垂直尾翼的，从而改变机头朝向。在多旋翼中也是用于改变机头朝向，但是无人机在飞的时候更直观的感受是机身在做自旋转，所以大多称方向舵为"旋转"。美国手是左边摇杆左右摆动控制机头朝向，这一点与日本手一样。

第5通道指飞行模式切换，根据不同的飞行任务，选择不同的飞行模式，例如，定高模式、姿态模式、运动模式、航线模式等。

目前来说，国内飞手使用日本手的比较多，但是一般的飞行器玩具的遥控器都是美国手。建议与周围朋友保持一样的遥控器操作习惯，一是易于沟通交流；二是能够互相交换无人机操控；三是遇到紧急情况时朋友可以直接操作来"救机"，而不用调试。

2. 美国手

美国手的油门和方向在左边，副翼和升降在右边，如图4-6所示。

图4-6　美国手遥控器

左手操纵杆（左杆）向上是加大油门，飞机速度加快（油门杆是不回中的），反之减小，速度减慢。

左杆向左，方向舵向左偏转，飞机航向向左偏转（方向杆要回中），反之向右，航向向右偏转。

右杆向下，升降舵向上偏转，飞机机头向上爬升（升降杆要回中），反之向上，升降舵向下偏转，飞机机头向下俯冲。

右杆向左，右边副翼向下偏转，左边副翼向上偏转，飞机以机身为轴心向左倾斜（副翼杆要回中），反之向右倾斜。

3．日本手

日本手的油门和副翼在右边，方向和升降在左边，如图 4-7 所示。

图 4-7　日本手遥控器

右手操纵杆（右杆）向上是油门加大，飞机速度加快（油门杆是不回中的），反之减小，速度减慢。

右杆向左，右边副翼向下偏转，左边副翼向上偏转，飞机以机身为轴心向左倾斜（副翼杆要回中），反之向右倾斜。

左杆向左，方向舵向左偏转，飞机航向向左偏转（方向杆要回中），反之向右，航向向右偏转。

左杆向下，升降舵向上偏转，飞机机头向上爬升（升降杆要回中），反之向上，升降舵向下偏转，飞机机头向下俯冲。

4.4　舵机

在民用无人机机电系统中，舵机作为控制输出的执行机构，起着非常关键的作用。它通过拉杆直接连接飞机的舵面，控制舵面的状态，从而控制飞机的姿态。

4.4.1　舵机的结构

舵机是集成了直流电动机、电动机控制器和减速器等一系列元器件的机电一体化产品，封装在一个便于安装的外壳里的伺服单元中，能够利用简单的输入信号比较精确地控制转动角度的机电系统。

　　舵机的结构如图 4-8 所示，舵机的主体结构主要包括几个部分：外壳、变速齿轮组、电动机、电位器、控制电路。

　　舵机内部有一个电位器用于检测齿轮箱输出轴的转动角度，控制板根据电位器的信息能比较精确地判断、控制和保持输出轴的角度。这样的直流电动机控制方式称为闭环控制，所以舵机应被更准确地称为伺服电动机。

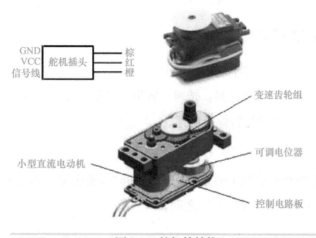

图 4-8　舵机的结构

　　舵机的外壳一般具有较为标准化的尺寸以便使用设备模块化的设计和安装。大部分舵机采用塑胶制造的外壳，特殊的舵机可能会有铝合金外壳。金属外壳能够更好地散热，可以让舵机内的电动机运行在更高功率下，以提供更高的转矩输出，也可以提供更牢固的固定位置。

　　舵机的齿轮箱如图 4-9 所示，齿轮箱有塑料齿轮、混合齿轮、金属齿轮等。塑料齿轮成本低、噪声小，但强度较低；金属齿轮强度高，但成本高，在装配精度一般的情况下会有较大的噪声。小转矩舵机、微舵、转矩大但功率密度小的舵机一般都使用塑料齿轮。金属齿轮一般用于功率要求较高的舵机上。混合齿轮在金属齿轮和塑料齿轮间做了折中，在电动机输出轴上的齿轮转矩一般不大，可以用塑料齿轮。

图 4-9　舵机的齿轮箱

4.4.2 舵机的工作原理

舵机的工作原理是：控制电路接收信号源的控制信号，并驱动电动机转动；齿轮组将电动机的速度大比率缩小，并将电动机的输出转矩放大相应倍数，然后输出；电位器和齿轮组的末级一起转动，测量舵机轴转动角度；电路板检测并根据电位器判断舵机转动角度，然后控制舵机转动到目标角度或保持在目标角度。

4.4.3 舵机的性能参数

舵机主要分为模拟舵机和数字舵机两种类型。

舵机的性能主要有以下几个方面：转速、转矩、电压、尺寸、重量、材料等。在做舵机的选型时要对以上几个方面进行综合考虑。

1. 转速

转速由舵机在无负载的情况下转过60°所需的时间来衡量，如图4-10所示。常见舵机的速度一般在0.11s/60° ～ 0.21s/60° 之间。

2. 转矩

舵机转矩的单位是 kg·cm，可以理解为在舵盘上距舵机轴中心水平距离1cm处，舵机能够带动的物体重量。舵臂转矩如图4-11所示。

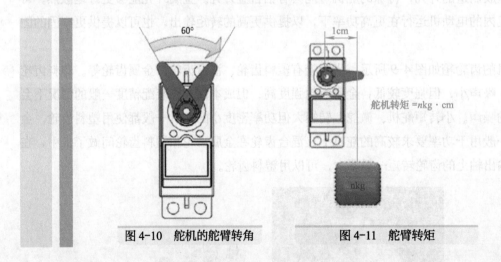

图4-10　舵机的舵臂转角　　　　　图4-11　舵臂转矩

3. 电压

厂商提供的速度、转矩数据和测试电压有关，在4.8V和6V两种测试电压下这两个参数有比较大的差别。目前，市面上的大部分舵机以4.8V或6V的直流电源供电；但随着技术的发展，目前市面上出现了能适应更高电压的舵机，如FUTABA的BLS157hv、JR的DS8921hv等能支持7.4v的高电压供电。高压舵机具有速度更快、转矩更大等特点。

4. 尺寸、重量和材料

舵机的功率（速度×转矩）和舵机尺寸的比值可以称为该舵机的功率密度，一般同一品牌的舵机，功率密度大的性能更好，价格也更高。塑料齿轮的舵机在超出极限负荷的条件下使用可能会崩齿，金属齿轮的舵机则可能会出现电动机过热损毁或外壳变形。

4.5　通信链路系统

扫码看视频

4.5.1　我国对民用无人机射频指标的规定

为满足应急救灾、森林防火、环境监测、科研试验等对无人驾驶航空器系统的需求，根据《中华人民共和国无线电频率划分规定》及我国频谱使用情况，规划840.5～845MHz、1430～1444MHz和2408～2440MHz频段用于无人驾驶航空器系统。其中规定：

1）840.5～845MHz可用于无人驾驶航空器系统的上行遥控链路。其中，841～845MHz也可采用时分方式用于无人驾驶航空器系统的上行遥控和下行遥测链路。

2）1430～1444MHz频段可用于无人驾驶航空器系统下行遥测与信息传输链路，其中，1430～1438MHz频段用于警用无人驾驶航空器和直升机视频传输，其他无人驾驶航空器使用1438～1444MHz频段。

3）2408～2440MHz频段可作为无人驾驶航空器系统上行遥控、下行遥测与信息传输链路的备份频段。相关无线电台站在该频段工作时不得对其他合法无线电业务造成影响，也不能寻求无线电干扰保护。

4）上述频段的信道配置，所用无线电设备发射功率、无用发射限值和接收机的邻道选择性应符合相关要求。

5）频率使用、无线电台站设置和所用无线电发射设备应符合国家无线电管理及无人驾驶航空器系统管理有关规定。

4.5.2　数传链路

无人机数据链路主要完成地面控制站对无人机的遥控、遥测、任务传感器等信息的传输，实现地面控制站与无人机之间的数据收发和跟踪定位。遥测链路由数传模块和地面站两部分组成。数传模块包含机载收发模块和地面站收发模块，如图4-12所示。

如果需要几公里甚至更远的数传距离，则需要使用大功率的数传电台，如图4-13

所示。

图 4-12　数传模块发射与接收

图 4-13　数传电台

4.5.3　图传链路

图传的作用是将无人机在空中拍摄的画面实时传输到地面或操控手的显示设备上，使操控手能够身临其境地获得无人机远距离飞行时摄像机所拍摄的画面。

现有的图传主要有模拟和数字两种，其组成部分包括发射端、接收端和显示端3个部分。

1. 模拟图传

早期的图传设备采用的是模拟制式，它的特点是只要图传发射端和接收端工作在一个频段上，就可以收到画面。模拟图传价格低廉，可以在多个接收端同时接收视频信号，模拟图传的发射端相当于广播，只要接收端的频率和发射端的频率一致，就可以接收到视频信号，方便多人观看，工作距离较远。

2. 数字图传

专用的数字图传的视频传输方式是通过 2.4GHz 或 5.8GHz 的数字信号进行。

专用数字图传一般集成在遥控器内，只需在遥控器上安装手机或平板计算机作为显示器即可，图像传输质量较高，分辨率可达 720P 甚至 1080P，方便实时回看拍摄的照片和视频。因为集成在机身内，所以可靠性较高，一体化设计较为美观。低端产品的有效距离短，图像延迟问题比较严重，影响飞行体验和远距离飞行安全。无人机图传模块如图 4-14 所示。

图 4-14　无人机图传模块

4.6　导航系统

扫码看视频

4.6.1　全球定位系统

1．GPS概述

全球定位系统（GPS）是一种基于卫星的、长距离的、全球性的导航系统。GPS是一种全天候的无线电导航系统，它不受静电云团等气象干扰，通过收、发无线电信号可为用户提供精确的定位和时间基准等。使用GPS系统，可以引导飞机在起飞、巡航、进近、着陆等各个阶段沿预定的航线准确地飞行。

GPS由空间部分、地面监控部分和用户接收机3个部分组成，如图4-15所示。

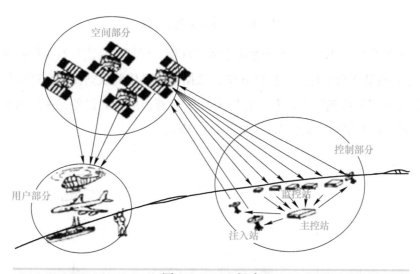

图 4-15　GPS 组成

在地球上空 10 900 mile（约 17 500km，1mile ≈ 1 609m=1.609km）的轨道上，有 21 颗工作卫星和 3 颗备用卫星。每个卫星绕轨道一周需要 12h。每颗卫星向外发射包括传输时间在内的信号。机载 GPS 组件比较信号的接收时间与发射时间，并计算出这一信号的传输时间。通过这一传输时间，就能确定飞机到卫星的距离，因为无线电信号在空间传播的速度是光速。

当机载 GPS 能收到至少 4 颗卫星的信号时，它就能计算出飞机所在位置的纬度、经度和高度。因为 GPS 中存储了所有卫星的轨道位置数据，它也被称为星历，如图 4-16 所示。

GPS 的定位精度在 15 ～ 25m 之间。在使用标准定位服务时，如果定位精度太低，可以通过差分 GPS 进行改善，即 DGPS。

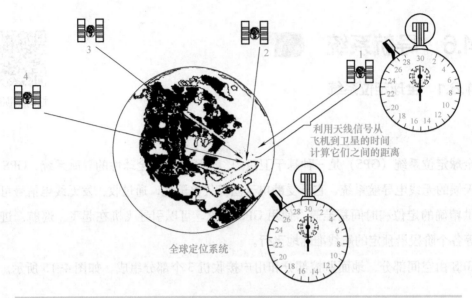

利用天线信号从
飞机到卫星的时间
计算它们之间的距离

全球定位系统

图 4-16　全球定位基本原理

DGPS 是在机场上建造一个已知精确位置（纬度、经度、高度）数据的基准台，然后利用 GPS 计算该基准台的位置，将已知位置数据与测量位置数据比较会产生位置误差。这一位置误差信号发射到飞机，利用它修正 GPS 计算出的位置误差。采用这种方法，可以使其定位的准确度提高到大约 3m，如图 4-17 所示。

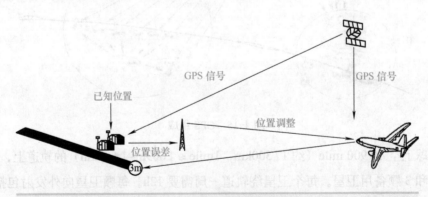

GPS 信号　　GPS 信号

已知位置

位置调整

位置误差

3m

图 4-17　差分全球定位原理

2. GPS定位解算

GPS 是利用卫星进行定时和测距的全球定位系统。24 颗卫星的分布图如图 4-18 所示，在空间位置已知的卫星作为基站发射无线电信号，地面或近地面的接收机测量无线电信号传播的距离和速度，计算用户的位置。测距必须知道卫星的发射时间和接收机的接收时间，然后计算出这个距离。

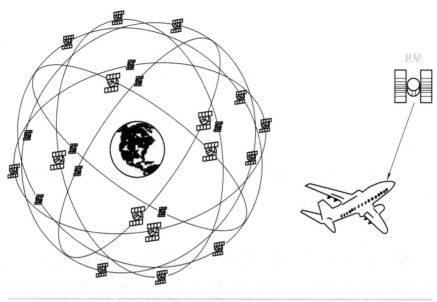

图 4-18　24 颗卫星的分布图

4.6.2　惯性导航系统

1. 概述

惯性导航是通过测量飞机的加速度（惯性），并自动进行积分运算，以获得飞机即时速度和即时位置数据的一门综合性技术。

二自由度惯性导航用加速度计测量到飞机（物体）的运动加速度后，飞机即时速度和即时位置可由下式获得

$$a = \frac{dv}{dt} = \frac{d^2 S}{dt^2}$$

$$v = v_0 + \int_0^t a dt$$

$$S = v_0 \int_0^t dt + \frac{1}{2} a \int_0^t \int_0^t dt^2$$

式中，a 是加速度，单位为 m/s^2；v 是速度，单位为 m/s；S 是即时位置，单位为 m。

在应用上述速度和位移公式时均可计算出任何时刻的速度和任何一段时间内飞机（物体）所飞过的路程。

实际惯导系统不仅能提供即时速度和即时位置，还可以测量飞机的姿态。

惯导系统通常由惯性测量组件、计算机、控制显示器等组成。

（1）惯性测量组件

惯性测量组件包括加速度计和陀螺仪惯性元件。3 个陀螺仪用来测量飞机沿三轴的转

动运动；3 个加速度计用来测量飞机平动运动的加速度。

（2）导航计算机

计算机根据加速度信号进行积分计算，还进行系统的标定、对准以及机内的检测和管理。

（3）控制显示器

给定初始参数及系统需要的其他参数，并显示各种导航信息。

按惯性测量元件在飞机上的安装方式可将惯性导航系统分为平台式惯性导航系统和捷联式惯性导航系统。

2. 平台式惯性导航系统

平台式惯性导航系统（平台式惯导系统）是将惯性测量元件安装在惯性平台的台体上，由平台建立导航坐标系，3 个正交安装的加速度计输入轴分别与导航坐标系的相应轴向重合，且在飞机所在点的水平面内，飞机的姿态角直接利用惯导平台获得。

平台式惯性导航系统原理图如图 4-19 所示。

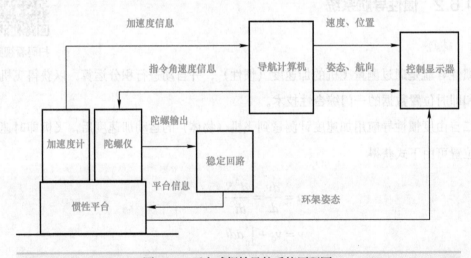

图 4-19　平台式惯性导航系统原理图

由图 4-19 可知，平台式惯导系统由三轴陀螺稳定平台（包含陀螺仪）、加速度计、导航计算机、控制显示器等部分组成。其优点是能直接模拟导航坐标系，因此计算比较简单；能隔离载体的角运动，加速度计和陀螺仪的工作条件好、系统精度高。缺点是结构复杂、尺寸大。

平台式惯导系统为提高可靠性，采用相同的两套系统。

3. 捷联式惯性导航系统

捷联式惯性导航系统（捷联式惯导系统）是将惯性测量元件直接安装在飞机上，

没有机电装置的惯导平台，测量机体转动的陀螺仪的输入轴和加速度计的输入轴都置于与机体轴向一致的位置。

捷联式惯性导航系统的优点是具有自主性，缺点是定位误差随时间而积累，在系统长时间工作后，会产生积累误差。

捷联式惯导系统原理图如图4-20所示，在捷联式惯导系统中，加速度信息的坐标变换、姿态矩阵计算、姿态角和航向角的提取都在计算机里完成，起着物理平台的作用，构成所谓的"数学平台"。

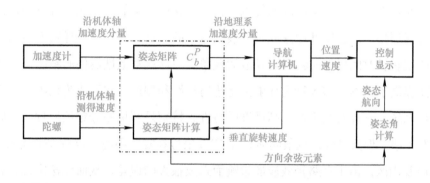

图4-20 捷联式惯导系统原理图

因为惯性测量组件直接安装在运载体（飞机）上，所以其工作环境恶劣，在飞机振动、冲击、温度变化等条件下需要其仍能正确测量，参数和性能有较高的稳定性，因此对惯性元件的要求比平台高。

运载体的复杂运动包括角运动都将直接作用在惯性元件上，会产生多项误差，因此，在捷联式惯导系统中需要采取误差补偿措施。

捷联式惯导系统采用多惯性元件构成余度系统。由于采用了余度技术，增加了惯性元件故障的容许次数，提高了系统的可靠性。

惯性导航系统有以下优点：

1）因为它是既不依赖于任何外部消息、也不向外部辐射能量的自主式系统，所以它的隐蔽性好，且不受外界电磁的干扰。

2）可全天候、全时间地工作于空中、地面甚至水下。

3）能提供位置、速度、航向和姿态角数据，所产生的导航信息连续性好且噪声低。

4）数据更新率高、短期精度和稳定性好。

其缺点是：

1）由于导航信息是由积分产生的，定位误差随时间增长而增大，长期精度差。

2）每次使用之前需要较长的初始对准时间。

3）设备的价格比较昂贵。

4）不能给出时间信息。

4.6.3 组合导航系统

1. SINS/GPS组合导航

目前，SINS/GPS 组合导航方法已在无人机导航中被广泛地应用。惯性导航具有完全自主、运动参数完备、短时精度高的优点，已被广泛应用于航天及航海等领域，但由于惯性器件中陀螺漂移、加速度计偏置以及安装误差等的影响，使得惯性导航容易出现误差积累，从而产生在长时间导航时精度易发散的现象。而这就对惯性器件的精度提出了很高的要求，进而提高了成本。GPS 利用导航卫星进行测距和测速，它已成为世界上应用最广泛的卫星定位系统。它具有全天候、高精度的特性，特别是利用差分定位原理，实时定位的精度可达厘米级。但其局限性也很明显，如 GPS 信号在复杂环境下容易被干扰或遮挡，特别是在城市及山区，由于多路径效应的影响而造成很大的误差，从而无法定位。各导航系统单独使用，很难满足导航性能的要求，因此，将多种导航方法组合使用，对同一导航信息作测量结算，计算出各导航系统的误差并对其进行校正，从而达到提高导航精度的目的。

SINS/GPS 组合导航是目前比较常用的组合模式，其定位和水平姿态精度较高，但方位角的精度并不高，尤其是在载体不做任何机动或低速运动的情况下。利用三轴磁强计可得到载体坐标系下的磁场强度，进而可确定载体坐标系与导航坐标系下磁场强度间的关系，且精度不易发散。因此，将 SINS、GPS 和磁强计有机地组合起来，可得到较高精度的位置、速度和姿态信息，实现优越性价比的组合导航与制导系统。

2. 导航系统与自动控制系统

传感器单元、导航计算机单元和飞行控制单元是空中机器人的核心。传感器单元主要包括 MIMU、微 GPS、微磁罗盘（MC）和压力微传感器（MPS）等。MIMU 可提供最全的导航信息，但其精度较低且误差随时间积累，因此需要 GPS、磁罗盘和压力传感器等与其共同进行组合导航以提高系统精度。导航计算机单元的功能为采集传感器单元数据并进行导航计算，得到飞行器的导航参数；飞行控制单元则利用导航计算机计算得到的导航参数进行飞行控制和航迹规划。系统的结构框图如图 4-21 所示。由于导航计算机与飞行控制计算机原理相似且均属于数字电路，导航计算机单元和飞行控制单元可进行集成化设计，共同组成高度集成化的信息处理单元。

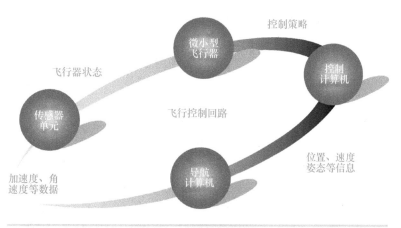

图 4-21　GNC 系统结构

随着微电子技术、光电子技术和 MEMS 技术的快速发展，导航传感器迎来了一场巨大的变革。硅 MEMS 惯性器件与传统惯性器件相比，体积大大减小，功耗、质量也大大降低，微电子技术的发展促进了信号与信息处理电路的高度集成化。导航器件的微小型化为实现高性能 GNC 系统集成奠定了重要的技术基础。

本章小结

当前无人机航电系统包括飞控系统、导航系统以及通信系统等 3 个子系统，通过本章的学习，学生可以初步了解无人机飞控系统、无人机导航系统、无人机通信系统的构成、功用及工作原理。

习题

1. 简述无人机飞控系统的工作原理。
2. 无人机有哪些常用的传感器？各有什么作用？
3. 美国手和日本手遥控器在结构上有什么区别？
4. 舵机的主体结构主要有哪几个部分组成？简述舵机的工作原理。
5. 惯导系统由哪几部分组成？各有什么作用？
6. 什么是 GPS？它由哪几部分组成？

无人机
的其他系统

第5章

本章概述

除了无人机动力系统以及航电系统之外，无人机还有一些其他系统，如任务载荷系统、发射和回收系统、地面站和任务规划系统等，这些系统对于无人机来说也是相当重要的。本章主要讲述无人机任务载荷系统、无人机发射和回收系统、地面站和任务规划系统的组成、类型及使用功能。

学习目标

1）掌握常用的任务载荷及功能；

2）了解无人机的发射和回收方式；

3）掌握无人机地面站的典型配置和功能；

4）了解任务规划的主要功能。

5.1 任务载荷系统

扫码看视频

5.1.1 任务载荷的概念

任务载荷是指那些装备到无人机上为完成某种任务的设备的总称，包括执行电子战、侦察和武器运输等任务所需的设备。无人机任务载荷的快速发展极大地扩展了无人机的应用领域，无人机根据其功能和类型的不同，其上装备的任务载荷也不同。

5.1.2 常用的任务载荷

常用的任务载荷有倾斜摄影相机、航空相机、红外热像仪、空中喊话器、气体检测仪、激光雷达等。

1. 倾斜摄影相机

扫码看视频

倾斜摄影是通过在同一飞行平台上搭载多台传感器，同时从垂直、侧视等不同的角度采集影像，将用户引入了符合人眼视觉的真实、直观的世界，有效弥补了传统正射影像只能从垂直角度拍摄地物的局限。专业倾斜相机由 5 个摄像头组成，中间相机拍摄正射影像，其余 4 个相机拍摄倾斜影像。倾斜摄影相机如图 5-1 所示。

应用领域：数字城市、城市规划、交通管理、数字公安、消防救护、应急安防、防震减灾、国土资源、地质勘探、矿产冶金等。

图 5-1 倾斜摄影相机

2. 航空相机

航空相机是装载在飞机上以拍摄地表景物来获取地面目标的光学仪器。航空相机具有良好的机动性、时效性和较低投入等优点，已经在航空遥感、测量和侦察等领域发挥重要的作用。航空相机如图 5-2 所示。

图 5-2 航空相机

3. 红外热像仪

为了提高无人机全天候实时观测能力，红外热成像技术被应用于空中探测，即利用红外热像光谱探测器对具有热泄漏的地面物体进行探测，并将温度高于其周围背景的地物通过热红外图像实时记录并传输至地面监测设备，或存储在机载电子盘上。

扫码看视频

　　红外热像仪需要借助一定的稳定转台,用以隔离无人机飞行对航摄的影响,以及根据观测要求实时改变其光学镜头的指向。红外热像仪模块如图 5-3 所示。

　　红外热成像技术已在民用和军事领域都得到了广泛应用,极大地提高了观测系统的全天候侦测能力。

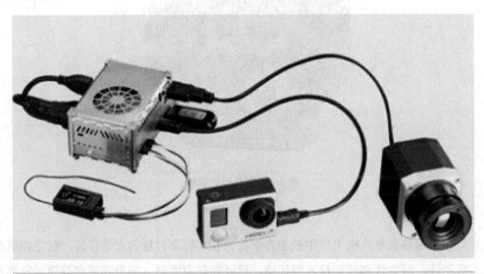

图 5-3　红外热像仪模块

4. 空中喊话器

　　空中喊话器是以飞行器为搭载平台可以无线空中扩音的装置。空中喊话器如图 5-4 所示。

　　目前空中喊话器具有一定的应用前景。在森林防火、火灾救援、灾区搜救、交通治安、林场看护等场合可以起到很大的作用。

图 5-4　空中喊话器

5．气体检测仪

主要包括空气质量检测、环保监测、应急消防、化工厂污染排查、应急事故火灾等环境突发事件引发的大气环境污染、有毒有害气体的常规巡查、城市低空大气质量状况监测。气体检测仪如图 5-5 所示。

扫码看视频

图 5-5　气体检测仪

6．激光雷达

激光雷达的波长短，它不但可以探测到簇叶下的目标，而且可以对目标进行分类，为地面部队提供实施交战所需的精确目标信息。激光雷达如图 5-6 所示。

扫码看视频

图 5-6　激光雷达

5.2　发射和回收系统

扫码看视频

发射和回收系统可保证无人机顺利地完成起飞升空，并在执行完任务后保证无人机从天空安全降落到地面。多旋翼无人机和无人直升机的发射和回收一般采用垂直起降的方式，固定翼无人机的发射和回收技术则有很多种。这里主要介绍固定翼无人机的发射和回收方式。

5.2.1　发射方式

无人机的发射方式有很多，目前常见的发射方式有手抛发射、起落架滑跑发射、母机空中发射、火箭助推发射、车载发射、轨道发射等方法。

1. 手抛发射

这种方式很实用，但仅适用于重量相对较轻的飞行器，这类飞行器载重量低、动力适当。轻型无人机可以手持发射，功率大的无人机起飞时不需要借助外力弹射，只需松手即可。不过，如果无人机超过一定体积，起飞速度超过一定范围，手动投掷协助起飞会变得很危险，甚至根本不可能成功。手持引擎填满燃料的无人机在凹凸不平的地面上奔跑，很可能造成严重的人身伤害，尤其是如果撞到正在旋转推进的螺旋桨上，后果将不堪设想。手抛发射如图 5-7 所示。

图 5-7　手抛发射

2．起落架滑跑发射

普通的轮式发射同样简便，但需要一个平整的场地并要小心翼翼地控制飞行的航向。这种方式一般需要人工操纵。起落架滑跑发射如图 5-8 所示。

图 5-8　起落架滑跑发射

3．母机空中发射

许多无人机，尤其是靶机装载在固定翼飞机上从空中发射，通常都具有较高的时速，由涡轮喷气发动机提供动力。母机空中发射如图 5-9 所示。

图 5-9　母机空中发射

4. 火箭助推发射

有些无人机通常也在地面上利用火箭助推发射。火箭助推发射方式为使飞行器达到起飞速度通常需要在有效作用距离上施加一个发射力，但一般要求在一段很长距离内把发射力施加在飞机上，使其达到飞行速度。在应用火箭助推发射前，必须仔细地对推力线进行校准，以确定飞行器没有施加任何力矩，从而避免控制问题的出现。火箭助推发射如图 5-10 所示。

图 5-10　火箭助推发射

5. 车载发射

就是将飞机及其配件装载在发射车顶上，驾车飞驰，从而将无人机发射出去。

6. 轨道发射

使无人机通过导轨或轨道加速到发射速度的装置称为轨道发射器。

5.2.2　无人机的回收方式

目前无人机的回收方式主要有起落架/滑跑着陆、伞降回收、撞网回收、绳钩回收、气囊方式回收等。

1. 起落架/滑跑着陆

起落架/滑跑着陆是大多数固定翼无人机采用的方式，其原理与有人驾驶飞机类似，需要专用跑道或者开阔的场地，因此缺乏灵活性。为了缩短滑跑距离，有些无人机会在尾部装上尾钩，在滑跑过程中，尾钩勾住地面的拦截锁，通过拦截锁的弹性变形吸收无人机的动能。起落架着陆回收如图 5-11 所示。

2. 伞降回收

伞降回收是国内外中小型无人机经常采用的方式之一。在回收过程中，当无人机到达预定回收区中心点上空时，其所配备的降落伞会按照预定程序或者在地面站的指挥下开伞，使无人机缓缓着陆，整个过程较为简单，对操作人员的要求也比较低。但其缺点是：降落伞对无人机来说是一种载荷，且需要占据机身内有限的空间；由于无人机下降速度较快，在着陆瞬间，机体容易受到较强烈的冲击而造成损伤；如果在海上降落，则需要为无人机配备足够的防水能力，且打捞过程也比较麻烦，甚至可能需要借助专业的海上回收设备。伞降回收如图 5-12 所示。

图 5-11　起落架着陆回收

图 5-12　伞降回收

改进伞降回收的一个有效办法是：为无人机配备减震气囊。在无人机飞行期间，气囊置于机体身内部，主伞打开后，气囊充气并自动伸出，以吸收无人机与地面接触瞬间的冲击能量，避免设备损伤。着陆完成后，排除气囊内的气体以方便再次使用。这种气囊不仅可以缓解着陆冲击，还能防止着陆过程中出现反弹现象。

3. 撞网回收

撞网回收指的是无人机在地面无线设备和自动引导设备的引导下，逐渐降低高度，减小速度，然后正对着拦截网飞去，从而达到回收的目的。完整的拦阻网系统通常由拦阻网／绳、能量吸收装置和自动引导设备组成，可以使无人机在撞网后速度很快降为零，且不受场地限制，尤其适用于舰上回收。但由于网的面积有限，在气象状况不好时，难以保证无人机准确入网。一旦出现偏差，撞击到其他设施，后果不堪设想。撞网回收如图5-13所示。

图5-13　撞网回收

4. 绳钩回收

绳钩回收指的是利用绳索抓捕无人机翼尖的小钩来实现回收的一种方式，主要由回收绳、吸能缓冲装置、导引装置等组成，占用空间小，且不易受天气影响。绳钩回收如图5-14所示。

5. 气囊方式回收

气囊不仅可以配合降落伞使用，也可以单独作为一种着陆方式使用。这种方式不需要起落架和降落伞，无人机在着陆前打开气囊，然后直接触地即可借此实现缓冲目的。但需要注意的是，依靠气囊直接着陆缓冲能力有限，只适用于微小型无人机。

图 5-14 绳钩回收

5.3 地面站和任务规划系统

5.3.1 地面站

1. 地面站系统典型配置

扫码看视频

地面站作为整个无人机系统的作战指挥中心，其控制内容包括：飞行器的飞行过程、飞行航迹、有效载荷的任务功能、通信链路的正常工作以及飞行器的发射和回收。无人机地面站如图 5-15 所示。

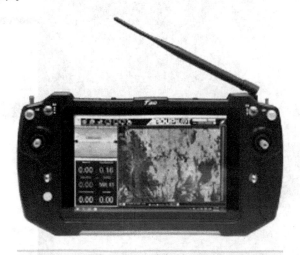

图 5-15 无人机地面站

地面站的典型配置有：

1）系统控制站；

2）飞行器操作控制站；

3）任务载荷控制站；

4）数据分发系统；

5）数据链路地面终端；

6）中央处理单元。

2. 地面站的典型功能

1）飞行器的姿态控制。

2）有效载荷数据的显示和有效载荷的控制。有效载荷是无人机任务的执行单元。

3）任务规划、飞行器位置监控及航线的地图显示。任务规划主要包括处理战术信息、研究任务区域地图、标定飞行路线及向操作员提供规划数据等。

4）导航和目标定位。

5）与其他子系统的通信链路。

3. 典型的地面站软件

目前国内地面站软件较多，如大疆、零度、极飞、拓攻、普宙等无人机都有配套的地面站软件。下面介绍典型的地面站软件——DJI GS Pro 地面站。

DJI GS Pro 地面站计算机版就是大疆无人机的地面站软件，软件的主要作用是规划大疆无人机的航线，还有飞行控制和建图航拍的功能。

DJI GS Pro 地面站的软件界面如图 5-16 所示。

图 5-16　DJI GS Pro 地面站的软件界面

DJI GS Pro 地面站的计算机版功能介绍如下：

（1）测绘航拍区域模式

DJI GS Pro 能高效生成航线任务，它可根据用户设定的飞行区域以及飞行器的照相机参数来智能规划飞行航线，执行航拍任务并支持将航线任务保存至本地。将拍摄的照片导入 PC 端的 3D 重建软件，即可生成拍照区域的 3D 地图。

（2）智能航点飞行

用户能够自行设定多个航点；可以设定航点的飞行高度、飞行速度，飞行器偏航角、飞行器旋转方向、云台俯仰角度等参数；最多可为每个航点设定 15 个连续的航点动作，支持设定飞行任务完成动作，包括自动返航、悬停、自动降落等。

（3）虚拟护栏

DJI GS Pro 的虚拟护栏功能可以在手动农药喷洒、手动飞行等操作情形中保证飞行器的安全。

5.3.2 任务规划系统

1. 概念与目标

扫码看视频

无人机任务规划是指根据无人机需要完成的任务、无人机的数量以及携带任务载荷的类型，对无人机制定飞行路线并进行任务分配。

任务规划的目标是依据地形信息和执行任务的环境条件信息，综合考虑无人机的性能、到达时间、耗能、威胁以及飞行区域等约束条件，为无人机规划出一条或多条自出发点到目标点的最优或次优航迹，保证无人机高效、圆满地完成飞行任务，并安全返回基地。

2. 任务规划主要功能

（1）任务分配功能

充分考虑无人机自身性能和携带载荷的类型，可在多任务、多目标情况下协调无人机及其载荷资源之间的配合，以最短时间及最小代价完成既定任务。

（2）航迹规划功能

在无人机避开限制风险区域以及油耗最小的原则上，制定无人机的起飞、着陆、接近监测点、监测区域、离开监测点、返航及应急飞行等任务过程的飞行航迹。

（3）仿真演示功能

能够实现飞行仿真演示、环境威胁演示、监测效果演示。可在数字地图上添加飞行路线、仿真飞行过程、检验飞行高度、油耗等飞行指标的可行性；可在数字地图上标志飞行禁区，使无人机在执行任务的过程中尽可能避开这些区域；可进行基于数字地图的合成图像计算，显示不同坐标与海拔位置上的地景图像，以便地面操作人员为执行任务选取最佳方案。

3. 常用的任务规划方法

任务规划由任务理解、环境评估、任务分配、航迹规划、航迹优化和航迹评价等组成。

其处理流程如下:

1)整个流程开始于接收到的上级下发的任务、命令,首先对任务进行保存,提供查阅和显示。

2)辅助操作人员进行任务理解,分析任务执行的地理区域、时间区间,任务所包含的目标航点数,各个航点的位置、重要程度等情况。根据任务涉及的区域查询并显示地形概况、禁飞区和障碍物分布情况及气象信息,为航迹规划提供环境情况依据。

3)进行任务分配,在这个过程里提供可用的无人机资源和着陆点的显示,辅助操作人员进行载荷规划、通信规划和目标分配。

4)航迹规划,在目标分配的基础上,根据环境变化情况、无人机的航速、飞行高度范围、燃油量和设备性能制定飞行航迹,并申请通信保障和气象保障。

5)航迹规划完成后,系统根据无人机飞行的最小转弯半径和最大俯仰角对航迹进行优化处理,制定出适合无人机飞行的航迹。

6)生成计划,保存并发送。

4. 航迹规划

无人机航迹规划是任务规划的核心内容,需要综合应用导航技术、地理信息技术以及远程感知技术,以获得全面详细的无人机飞行现状以及环境信息,结合无人机自身的技术指标特点,按照一定的航迹规划方法制定最优或次优路径。因此,航迹规划需要充分考虑电子地图的选取、标绘、航线预先规划以及在线调整时机。

本章小结

无人机除了动力系统和航电系统以外,还有一些其他系统。通过本章的学习,学生可以初步了解无人机任务载荷系统、发射和回收系统、地面站和任务规划系统的种类、功用及工作原理等知识。

习题

1. 什么是任务载荷?常用的任务载荷有哪些?
2. 无人机的发射方式主要有哪些?
3. 无人机的回收方式主要有哪些?
4. 地面站的典型功能有哪些?
5. 地面站的典型配置有哪些?
6. 什么是任务规划?任务规划的主要功能有哪些?

第6章

航空气象

本章概述

无人机在空中能否安全飞行取决于飞行时的气象条件，因此航空气象对无人机飞行是至关重要的。本章主要讲述大气环境、大气运动以及风切边、雷暴、积雪对无人机飞行的影响等知识。

学习目标

1）了解大气环境；

2）了解大气运动；

3）掌握严重影响飞行的气象。

6.1 大气环境

6.1.1 大气的分层和特性

扫码看视频　　扫码看视频

1. 大气的分层

大气层没有明显的上限，以大气中温度随高度的分布为主要依据，可将大气层划分为对流层、平流层、中间层、热层和散逸层5个层次，而航空器的飞行环境是对流层和平流层。

（1）对流层

大气中最低层为对流层，其中气温随高度的增加而降低，空气对流运动极为明显。对流层的厚度随纬度和季节而变化，低纬度地区平均为 $16 \sim 18km$，中纬度地区平均为 $10 \sim 12km$，高纬度地区平均为 $8 \sim 9km$。对流层集中了大气质量的约3/4或全部的水汽，是天气变化最复杂的层，飞行中所遇到的各种重要天气变化几乎都出现在这一层中。

（2）平流层

平流层位于对流层之上，顶界扩展到 $50 \sim 55km$。在平流层内，随着高度的增加，刚开始时气温保持不变或者略有升高；到20km以上，气温升高很快；到了平流层顶，气温升至 $270 \sim 290K$。平流层的这种气温分布特征是由于它受地面影响较小并存在大量臭氧。过去常称这一层为同温层，实际上指的是平流层的下部。平流层中的空气沿铅垂方向的运动较弱，因而气流比较平稳，能见度较好。

（3）中间层

中间层从 50 ～ 55km 伸展到 80 ～ 85km 的高度。这一层的特点是，随着高度的增加，气温下降，空气有相当强烈的沿铅垂方向的运动，这一层顶部的气温可低至 160 ～ 190K。

（4）电离层

电离层（又称热层）从中间层顶延伸到 800km 高空，这一层的空气密度极小，声波已难以传播。热层的一个特征是气温随高度的增加而上升，另一个特征是空气处于高度的电离状态。

（5）散逸层

散逸层又称外大气层，位于热层之上，是地球大气的最外层。

空气极其稀薄，又远离地面，受地球引力较小，因而大气分子不断地向星际空间逃逸。

大气的具体分层如图 6-1 所示。

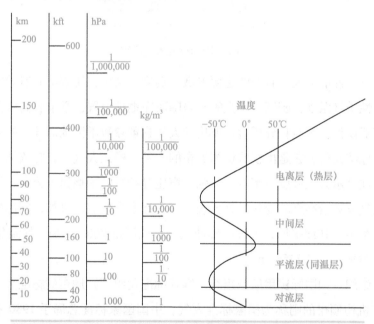

图 6-1　大气的分层

2. 大气的特性

1）随着高度的增加，空气密度减小。

2）随着高度的增加，空气压力减小。

3）随着高度的增加，气温近似线性降低（11 000m 对流层内）。

4）空气湿度越大，空气密度越小。

6.1.2　国际标准大气

国际标准大气（ISA）是人为规定的一个不变的大气环境，作为计算和试验飞行器的统一标准。国际标准大气规定如图 6-2 所示。

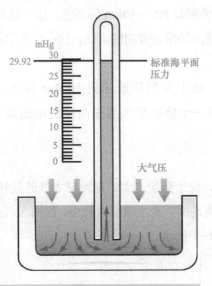

图 6-2　国际标准大气规定

　　航空器的飞行性能与大气状态的主要参数（温度、密度、压强等）有着密切的关系，而大气的物理性质（温度、密度、压强等）是随所在地理位置、季节和高度而变化的。为了在进行航空器设计、试验和分析时，所用的大气物理参数不因地而异，必须建立一个统一的标准，即标准大气。它是由权威机构颁布的一种"模式大气"，它依据实测资料，用简化方程近似地表示大气温度、密度、压强、声压等参数的平均铅垂分布。按照这个公式计算出来的大气参数沿高度的变化排列成表，即为标准大气表。例如，国际标准规定，以海平面的高度为零。在海平面，大气的标准状态：气压是 760mmHg，气温是 15℃，声速是 341m/s，空气密度是 1.225kg/m³。

　　由国际性组织（如国际民用航空组织、国际标准化组织）颁布的标准大气称为国际标准大气，国家机构颁布的则称为国家标准大气。中国国家标准总局于 1980 年颁布了中华人民共和国标准大气（30km 以下部分）。应当注意，各地的实际大气参数与标准大气之间是存在差别的。

6.1.3　国际标准大气参数

国际标准大气规定如下：

海平面高度为 0，气温为 288.15K、15℃或 59 ℉，气压为 1013.2mbar（毫巴）、1013.2hPa（百帕）或 29.92inHg（英寸汞柱）。

对流层高度为 11km 或 36 089ft，对流层内标准温度递减率为每增加 1 000m 温度递减 6.5℃，或每增加 1 000ft 温度递减 2℃。11 ～ 20km 之间的平流层底部气体温度为常值。

6.1.4 飞行高度

飞行高度是指飞机的重心在空中距离某一基准平面的垂直距离。根据所选基准平面的不同，飞行高度可以分为以下4种：

1）绝对高度：地面海拔高度，相对海平面的高度。

2）真实高度：相对地面的高度，又称为相对高度。

3）压力高度：相对标准气压平面的高度。

4）标准气压高度：相对海平面的高度。

飞行高度的表示方法如图6-3所示。

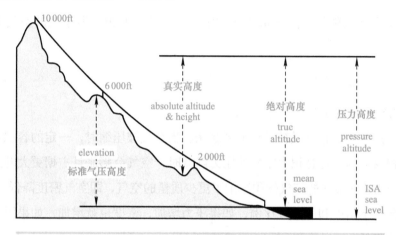

图6-3　飞行高度的表示方法

6.1.5 空气的物理参数

空气的密度、温度和压力是确定空气状态的3个主要参数，飞行器空气动力的大小和飞行器飞行性能的好坏都与这3个参数有关。

1. 空气的密度

空气的密度是指单位体积内空气的质量，取决于空气分子数的多少。即

$$\rho = m/V$$

式中，ρ 为空气的密度，单位是 kg/m^3；m 为空气的质量，单位是 kg；V 为空气的体积，单位是 m^3。

空气的密度大，说明单位体积内空气的分子数多，称为空气稠密；空气的密度小，说明单位体积内空气的分子数少，称为空气稀薄。大气的密度随高度的增加而减小。

2. 空气的温度

空气的温度是指空气的冷热程度。空气温度的高低表明空气分子做不规则热运动平均速度的大小。

空气温度的高低可以用温度表（计）来测量。

空气的温度一般用 t 来表示。我国和世界上大多数国家通常采用的是摄氏温度，单位用摄氏度（℃）表示。西方的一些国家和地区采用的是华氏温度，单位用华氏度（℉）表示。摄氏温度（℃）和华氏温度（℉）可以用下式进行换算：

$$\frac{t}{℃} = \frac{5}{9}\left(\frac{\theta}{℉} - 32\right)$$

式中，t 是摄氏温度（℃）；θ 是华氏温度（℉）

3. 空气的压力

空气的压力（也称气压）是指空气的压强，即单位面积上所承受的空气垂直方向的作用力。

4. 压力、温度、湿度对空气密度的影响

(1) 压力对密度的影响

由于空气是气体，它可以被压缩或者膨胀。当空气被压缩时，一定的容积可以容纳更多的空气。相反，当一定容积上空气的压力降低时，空气会膨胀且占据更大的空间。这是因为在较低压力下，最初的空气体积容纳了更少质量的空气，即空气密度降低了。事实上，在恒定温度条件下密度和压力成比例。如果压力增加，密度也就增加，如果压力降低，密度也就相应地降低。

(2) 温度对密度的影响

在恒定压力条件下，增加流体温度的一种方法就是降低其密度。相反，降低温度就有增加密度的效果。因此空气密度和绝对温度成反比例关系。

在大气中，温度和压力都随高度而下降，对密度的影响是相反的。然而，随着高度的增加压力下降得非常快，压力是占主要影响的。因此，可以得出密度是随高度的增加而下降的。

(3) 湿度对密度的影响

前面的推论都假设空气是完全干燥的，实际中空气并不是完全干燥的。空气中的少量水蒸气在特定情况下几乎可以忽略，但是在一般条件下湿度可能成为影响飞行器性能的重要因素。同体积的水蒸气比空气的质量小，因此湿空气比干空气要轻。在给定的一组条件下，包含最多水蒸气的空气的密度最小。温度越高，空气中能包含的水蒸气就越多。当对比两个独立的空气团时，第一个温暖潮湿（两个因素使空气变轻）的和第二个寒冷干燥（两个因素使空气变重）的气团，第一个的密度必定比第二个低。

压力、温度和湿度对飞行器性能有重要的影响，就是因为它们直接影响了空气密度。

6.2 大气运动

扫码看视频

大气运动的能量来源是太阳辐射，根本原因是地面冷热不均。热量分布不均导致大气压力变化而产生大气运动，并形成尺度不一的大气环流，产生热量和水分输送，影响和制约着不同地区的天气和气候。

6.2.1 大气的水平运动

大气的水平运动就是通常所说的风。大气的运动是在力的作用下产生的。作用于空气的力除重力之外，还有由于气压分布不均而产生的气压梯度力；由于地球自转而产生的地转偏向力；由于空气层之间、空气与地面之间存在相对运动而产生的摩擦力；由于空气做曲线运动而产生的惯性离心力。这些力在水平分量之间的不同组合，构成了不同形式的大气水平运动。地表冷热不均造成了同一水平面内的气压差异，气流从高压区流向低压区就形成了风，风是气流的水平运动。

风对航空器的飞行有影响，近地面的风对飞机起降的安全有直接影响。飞机顺风起飞、着陆会增加滑跑距离，当风速超过规定值时，就有冲出跑道或撞击障碍物的危险；逆风起降可以缩短滑跑距离，因此一般采用逆风起降，但如果逆风超过一定限度也可使飞机操纵困难、使飞机在跑道头提前接地；当飞机在侧风中起降时，飞机除向前运动外，还顺着侧风方向移动，如不及时修正就会偏离跑道方向，飞机接地后的滑行过程中，侧风对飞机垂直尾翼的侧压力会使机头向侧风方向偏转，有可能使飞机产生打转等后果。

多旋翼无人机的抗风能力一般是针对水平风而言的。这种能力与飞控的姿态限幅、多旋翼飞行平台的水平飞行阻力及动力电池的剩余电量3个因素有关。由于现在民用无人机飞控设计并无严格的行业标准，所以在抗风能力的表现上，各厂家的无人机存在差异。

6.2.2 大气的垂直运动

大气除了水平运动，还存在上升、下降气流，这就是大气的垂直运动，也称为垂直风。垂直风有很多种，与多旋翼相关的两种分别是热力型气流和动力型气流。

热力型气流是由地面热力性质引起的，太阳照射使空气受热膨胀、密度减小，形成上升气流，太阳越强，水平风速越小，这种作用就越明显。热力型气流会对多旋翼续航时间产生明显的影响。例如，晴朗的中午在郊外拍摄，悬停在道路上空的功率将小于悬停在草地上空的功率，航时也是前者大于后者。需要注意一点，当水平风较大时，热力型气流会被吹乱吹散，投影也不会在热表面上，这时寻找热力型气流只能根据经验或者靠地面站观察转速了。

动力型气流是由于在空气运动时受到机械抬升而引起的，如上坡迎风面对空气的抬升、建筑物对空气的抬升，这两类也是运行多旋翼无人机时需要特别注意的。广阔的山坡迎面风会提供稳定的上升气流,适当时可以加以利用。某些特殊建筑与地形产生的上升气流面积小且不规则、不稳定,在风速较大时要避免进入,进入则会出现颠簸、碰撞、任务图像不稳定等问题。

6.2.3 对流产生的原因

1. 太阳辐射作用

大气运动需要能量,而能量几乎都来源于太阳辐射的转化。大气不仅吸收太阳辐射、地面辐射和地球给予大气的其他类型能量,同时大气本身也向外辐射能量。然而这种吸收和辐射的差额在大气中的分布是很不均匀的,沿纬圈平均在 35°S ~ 35°N 之间是辐射差额的正值区,即净得能量区。由 35°S 向南和由 35°N 向北是辐射差额的负值区,即净失能量区。这样自赤道向两极形成了辐射梯度,并以中纬度地区净辐射梯度最大。净辐射梯度的分布引起了地球上高、低纬度间的大气热量收支不平衡,使大气中出现了有效位能,形成了向极地的温度梯度。大气是低黏性、可压缩流体,温度和气压的改变可能引起膨胀或收缩。低纬大气因净得热量不断增温并膨胀上升,极地大气因净失热量不断冷却并收缩下沉。在这种温度梯度下,为保持静力平衡,对流层高层必然出现向极地的气压梯度,低层出现向低纬的气压梯度。假设地球表面没有地转偏向力,则气压梯度力的作用将使赤道和极地间构成一个大的、理想的直接热力环流圈,如图 6-4 所示。环流使高低纬度间不同温度的空气得以交换,并把低纬度的净收入热量向高纬度输送,以补偿高纬热量的净支出,从而维持了纬度间的热量平衡。因此,太阳辐射对大气系统加热不均是大气产生大规模运动的根本原因,而大气在高低纬间的热量收支不平衡是产生和维持大气环流的直接原动力。

2. 地球自转作用

大气在自转的地球上运动着,地球自转产生的偏转力迫使空气运动的方向偏离气压的梯度力方向。在北半球,气流向右偏转,结果使直接热力环流圈中自极地低空流向赤道的气流偏转成东风,而不能径直到达赤道;同样,自赤道高空流向极地的气流,随纬度增高,偏转程度增大,逐渐变成与纬圈相平行的西风。可见,在偏转力的作用下,理想的、单一的经圈环流既不能生成也难以维持,因而形成了几乎遍及全球(赤道地区除外)的纬向环流。纬向风带的出现,阻挡着经向气流的逾越,引起某些地区空气质量的辐合和一些地区空气质量的辐散,使一些地区的高压带和另一些地区的低压带得以形成和维持。结果,全球气压水平分布在热力和动力因子作用下,呈现出规则的纬向气压带,而且高低气压带交互排列,如图 6-4 所示。气压带的生成和维持又是经圈环流形成的必需条件。因此地球自转是全球大气环流形成和维持的重要因素。

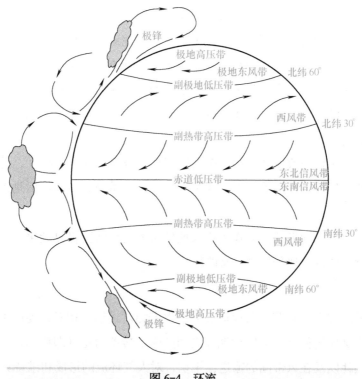

图 6-4 环流

3．地表性质作用

地球表面有广阔的海洋、大片的陆地，陆地上又有高山峻岭、低地平原、广阔沙漠以及极地冷源，是一个性质不均匀的、复杂的下垫面。从对大气环流的影响来说，海陆间热力性质的差异所造成的冷热源分布和山脉的机械阻滞作用，都是重要的热力和动力因素。

海洋与陆地的热力性质有很大差异。夏季，陆地成为相对热源，海洋成为相对冷源；冬季，陆地成为相对冷源，海洋却成为相对热源。这种冷热源分布直接影响到海陆间的气压分布，使完整的纬向气压带分裂成一个个闭合的高压和低压。同时，冬夏海、陆间的热力差异引起的气压梯度驱动着海陆间的大气流动，这种随季节而转换的环流是季风形成的重要因素。北半球陆地辽阔，海陆东西相间分布，在冬季，陆地是冷源，纬向西风气流流经陆地时，气流温度逐渐降低，直到陆地东岸降到最低；气流东流入海后，因海洋是热源，气温不断升高，直到海洋东缘温度升到最高，这样便形成了温度场。即陆地东岸成为温度槽，陆地西岸形成温度脊。夏季时的温度场相反，陆地东岸为温度脊，陆地西岸为温度槽。根据热成风原理，与温度场相适应的高空气压场则是冬季时陆地东岸出现低压槽，西岸出现高压脊，夏季时相反。可见，海陆东西相间分布对高空环流形势的建立和变化有明显影响。

地形起伏，尤其是大范围的高原和高大山脉对大气环流的影响非常显著，其影响包括动力作用和热力作用两个方面。当大规模气流爬越高原和高山时，常常在高山迎风侧受阻，造成空气质量辐合，形成高压脊；而在高山背风侧，则利于空气辐散，形成低压槽。东亚沿岸和北美东岸在冬季经常存在高空大槽，虽然其形成同海陆温差有关，但同西风气流爬越青藏高原和落基山的动力减压亦有一定关系。如果地形过于高大或气流比较浅薄，则运动气流往往不能爬越高大地形，而在山地迎风面发生绕流或分支现象，在背风面发生气流汇合现象。地形对大气的热力变化也有影响。比如，青藏高原相对于四周自由大气来说，夏季时高原面是热源、冬季时是冷源，这种热力效应对南亚和东亚季风环流的形成、发展和维持有重要影响。

夏季极冰的冷源作用改变了太阳总辐射所形成的夏季经向辐射梯度，使对流层大气的夏季热源仍维持在低纬，冷源维持在高纬极区，这种夏季极冰冷源作用是影响大气环流运动的又一重要因素。

由上可见，海陆和地形的共同作用不仅使低层大气环流变得复杂化，而且也使中高层大气环流有在特定地区出现平均槽、脊的趋势。

4．地面摩擦作用

大气在自转地球上运动着，与地球表面产生着相对运动。相对运动产生着摩擦作用，而摩擦作用和山脉作用使空气与转动地球之间产生了转动力矩（即角动量）。角动量在风带中的产生、损耗以及在风带间的输送、平衡，对大气环流的形成和维持具有重要作用。

大气环流的形成和维持，除以上因子外，还同大气本身的特殊性质有联系。

6.2.4　障碍物对风的影响

地面上障碍物影响风的流向。地面的地形和大的建筑物会分散风的流向，产生会快速改变方向和速度的阵风。这些障碍物包括人造建筑物（如飞机棚等），大的自然障碍物（如山脉、峭壁或者峡谷等）。当飞进或者飞离这些障碍物附近的飞机场时，操作员需要高度警惕。障碍物对风的影响如图 6-5 所示。

图 6-5　障碍物对风的影响

和地面建筑物有关的湍流强度依赖于障碍物的大小和风的基本速度。这会影响任何飞机的起飞和着陆性能，也会引发非常严重的危险。在飞行的着陆阶段，飞机可能由于湍流空气而下降，导致飞得太低而不能飞越进近时的障碍物。在山地区域时，这种情况甚至更加明显，如图 6-6 所示。风沿着迎风侧平稳地向上流动，上升的气流会帮助飞机飞越山脉的顶峰，而背风侧的效果则不一样。当气流在山的背风侧向下时，空气顺着地形的轮廓流动，湍流逐渐增加。这就趋向于把飞机推向山的一侧。风越强，向下的压力和湍流就变得越强烈。

图 6-6　山区湍流对飞机飞行的影响

由于在山谷或者峡谷中地形对风的影响，强烈的向下气流可能相当严重。因此，建议寻找一位合格的山地飞行指导员，在多山的地形或者靠近多山地区飞行前对山地进行调查。

6.3　严重影响飞行的气象

扫码看视频

6.3.1　雷暴

由对流旺盛的积雨云引起的伴有电闪雷鸣的局地风暴称为雷暴。

1. 雷暴形成的条件

雷暴是由强烈的积雨云产生的，形成强烈的积雨云需要 3 个条件：

1）深厚而明显的不稳定气层；

2）充沛的水汽；

3）足够的冲击力。

雷暴产生之前，当地一般被暖湿空气所盘踞，所以常会感到闷热；雷暴发生时，积雨云中下沉的冷空气代替了原来的暖湿空气，所以温度骤然降低。夏季，一次强的雷暴过程常可使气温下降 10℃ 以上；随着雷暴远离，降水会逐渐结束，气温又开始回升。

雷暴处于发展阶段时，地面气压持续下降，因为积雨云中的上升气温使高层辐散大于低层辐合，云中水汽凝结释放的潜热使空气增温，气柱膨胀；到成熟阶段，由于下降冷空气的出现，气压便突然上升，且在积雨云的正下方达到最大，几乎是和气温的下降同时出现；随着雷暴的远离，气压又开始恢复正常。

雷暴发生前，地面的相对湿度通常是减小的，这是由于气温升高、气压下降、辐合上升气流将一部分水汽带走而造成的；随着降水开始，相对湿度迅速上升到接近饱和状态，但在降水达到最大时，因为云底较干冷的空气被云中下沉气流卷挟到地面，而降落的雨滴又未来得及蒸发，相对湿度反而下降；当雷暴离去或趋于消亡时，相对湿度又回升到饱和状态。

当雷暴处于发展阶段时，地面风很小；雷暴到达成熟阶段以后，随着积雨云中迅速下沉的冷空气到达地面后，风向突转、风力迅速增大，阵风风速常在 20m/s，有时强烈的可以达到 25m/s 或以上，这种现象常常是雷雨即将来临的先兆；随着雷暴的远离，当地风力迅速减小。

雷暴所产生的降水是积雨云发展成熟的标志，大都是强度很大的阵性降水，降水的持续时间取决于通过当地的雷暴单体的数目、大小、速度和部位。

2. 一般雷暴结构

一般雷暴单体的生命史根据垂直气流状况可分为 3 个阶段：积云阶段、成熟阶段和消散阶段。

积云阶段：内部都是上升气流，并随高度的增加而增强。因为大量水汽在云中凝结并释放潜热，所以云中温度高于同高度上四周空气的温度。

成熟阶段：云中除上升气流外，局部出现下降气流和降水，产生并发展为强烈的湍流、积冰、闪电、阵雨和大风。

消散阶段：下降气流遍布云中，温度低于周围空气。一般雷暴单体的水平尺度为 5～10km，高度可达 12km，生命周期约为 1h。

3. 雷暴与飞行

据科学家统计，在全球范围内差不多每秒就有近 100 次雷电奔驰落地，每小时约有 1 800 场雷雨。雷暴是一种极具危险性的天气现象，尽管现代科学技术已经创造了相当成熟的避雷装置和雷击防护措施，但全球每年由雷暴造成的灾祸仍然很多，如影响飞机、舰船、电气机车等的航行（行驶），酿成空难、海难、车祸等交通事故；击毁建筑物、输电和通信线路等设施，造成各种事故；直接击伤、击毙人或动物；还可能引起次生火灾等。航行于雷暴天气里的飞机、船舶很容易遭到雷电袭击。

6.3.2 风切变

1. 定义

风矢量（风向、风速）在空中水平和垂直方向上的变化称为风切变。对飞机起飞和安全着陆威胁最大的是低空风切变，即发生在着陆进场或起飞爬升阶段的风切变。它不仅能使飞机航迹偏离，而且可能使飞机失去稳定，如果处置不当，就会产生严重后果。

2. 低空风切变

所谓低空风切变是在近地面层附近的每一高度上或不同高度上很短距离内风向、风速发生较大的变化，或短距离上升、下沉气流突然变化的现象。气象学根据风场的空间结构把低空风切变分为 3 种类型：

1）水平风的垂直切变：指水平风在垂直方向上两个不同高度点之间的风向和风速的变化。

2）水平风的水平切变：指水平风在水平方向上两个不同距离点之间的风向和风速的变化。

3）垂直风的切变：指上升或下降气流（垂直风）在水平方向（或航迹方向）上的变化。

3. 对飞行有影响的风切变

飞机在大气中飞行，会遇到顺风、逆风、侧风和垂直风等因素的影响。因此，根据飞机相对于风矢量的方位不同，把风切变区分为顺风切变、逆风切变、侧风切变和下冲气流切变这 4 种形式。

（1）顺风切变

顺风切变是指飞机从静风到小顺风、小顺风到大顺风、逆风到静风、大逆风到小逆风区域内飞行，这是一种比较危险的风切变。在这种情形下飞行，由于顺风矢量增大，机体与空气的相对速度减少，升力随之减少，飞机从正常轨道下跌。如果目测高度低、不及时修正，飞机在着陆过程中将会提前触地，如图 6-7 所示。

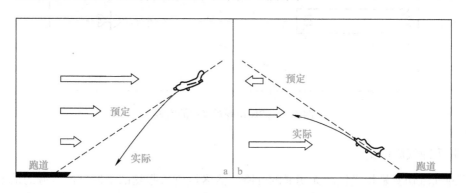

图 6-7 顺风切变对飞行的影响

(2) 逆风切变

逆风切变是指飞机从顺风由大到小、顺风到静风、静风到小逆风、小逆风到大逆风。在这种情况下飞行，由于顺风矢量减少，逆风矢量增大，机体与空气的相对速度增加，升力随之增大，飞机将高于正常轨迹。在着陆过程中，如果目测过高、不及时修正，就会造成飞机着陆速度过大，滑跑距离增长，甚至会冲出跑道，如图6-8所示。

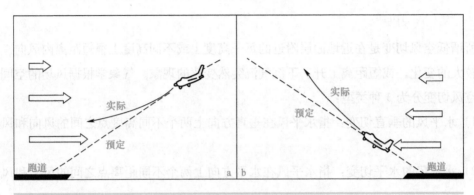

图6-8　逆风切变对飞行的影响

(3) 侧风切变

侧风切变是指飞机从一种侧风或无侧风状态进入另一种明显不同的侧风状态的情况。在着陆过程中，侧风切变会使飞机向左或向右偏航，发生侧滑、滚转或偏转而对不准跑道，如图6-9所示。

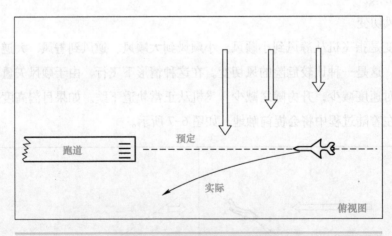

图6-9　侧风切变对飞行的影响

(4) 下冲气流切变

下冲气流切变是指飞机从无明显的升降气流区域进入强烈的下冲气流区域的情形。在这种情形下对飞行的危害最大，如图6-10所示。

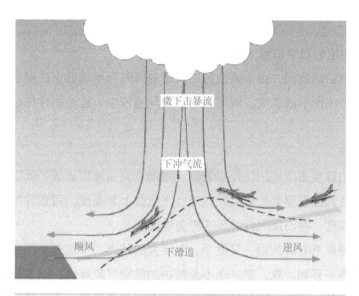

图 6-10　下冲气流切变对飞行的影响

4. 低空风切变产生的原因

产生低空风切变的原因主要有两类,一类是大气运动本身的变化所造成的,另一类则是地理、环境因素所造成的,有时由两者综合而成。

(1) 强对流天气

强对流天气通常指雷暴、积雨云等天气。在这种天气条件影响下的一定空间范围内,均可产生较强的风切变,尤其是在雷暴云体中的强烈下降气流区和积雨云的前沿阵风锋区更为严重,如图 6-11 所示。特别强的下降气流称为微下冲气流,是对飞行危害最大的一种。

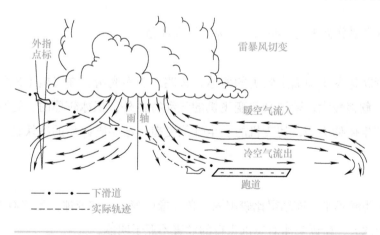

图 6-11　强对流天气对飞行的影响

(2) 锋面天气

无论是冷锋或暖锋均可产生低空风切变,不过其强度和区域范围不尽相同。这种天气的风切变多以水平风的水平和垂直切变为主,一般来说,其危害程度不如强对流天气的风切变。

（3）辐射逆温型的低空急流天气

在秋冬季节晴空的夜间，由于强烈的地面辐射降温而形成低空逆温层，该逆温层上有动量堆积，风速较大而形成急流，而逆温层下面风速较小，近地面往往是静风，所以产生逆温风切变。

（4）地形地物

当机场周围山脉较多或地形比较复杂时，常会遇到由地形造成的低空风切变。当盛行风横越山脉时，在其迎风面会形成上升气流，飞机会上升高度，而在背风面出现下降气流时，飞机会降低高度，在山顶附近的风速将会增大。

由于风切变现象具有时间短、尺度小、强度大的特点，从而带来了探测难、预报难、航管难、飞行难等一系列困难，是一个不易解决的航空气象难题。某些强风切变是现有飞机的性能不能抗拒的，因此，对付风切变的最好办法是避开它。进行风切变的飞行员培训和飞行操作程序设置，在机场安装风切变探测和报警系统以及机载风切变探测、告警、回避系统，都是减轻和避免风切变危害的途径。

6.3.3 积冰

1. 积冰的定义

积冰是指飞机机体表面某些部位聚集冰层的现象。积冰主要是由过冷水滴或降水中的过冷雨滴碰到飞机机体后冻结形成的，也可由水汽直接在机体表面凝华而成。

2. 积冰的类型

飞机积冰主要分为3类：明冰、毛冰、雾凇和霜。

（1）明冰

明冰的形状像冬季地面上常见的薄冰，透明、表面光滑、在飞机上冻结牢固。明冰对飞机飞行的危害较大，除了会改变飞机的气动特性外，积冰较厚时，还可能使飞机的重心改变，产生俯仰力矩，使飞机的安全性能变差，冰层破碎后的冰块还可能会打坏发动机。

（2）毛冰

毛冰表面粗糙不平、冻结得比较牢固、色泽像白瓷，又称瓷冰。毛冰对飞机的气动特性的改变比明冰大，所以毛冰对飞机飞行的危害不亚于明冰。

（3）雾凇和霜

雾凇是由许多颗粒状冰晶组成的表面粗糙的不透明冰层，它是最常见的积冰类型，危害比较小，因为它多在机体突出部位的前缘发生，而飞机的防冰除冰装置也在这个位置。同时，它的积冰形状对气流的影响较小，它松脆的质地使除冰工作比较容易；霜是在晴空飞行时出现的一种积冰，它是水汽在寒冷的机体表面直接凝华而成的，形状与地面的霜相似，在寒冷的空域中飞行的飞机突然进入暖湿空气中就会有霜出现，但不久后机体增温，霜就会消失。

3. 积冰的强度

在相同的积冰天气环境下，积冰的强度主要取决于飞机的类型、飞机的设计、飞行的高度、飞行的速度等因素。积冰的强度分为微量积冰、轻度积冰、中度积冰和严重积冰。

（1）微量积冰

微量积冰是指冰层的生成速度略大于其升华速度，这种积冰没有明显危害，无需启动防冰除冰设备，也无需改变飞行高度或者航线，除非这种积冰达到 1h 以上。

（2）轻度积冰

轻度积冰如果持续时间在 1h 以上，则将对飞行构成威胁，因此需要间断地使用防冰除冰设备，如果需要在这种环境中长时间飞行，则必须改变飞行高度或改变飞行航线。

（3）中度积冰

中度积冰只要持续很短时间就会对飞行造成威胁，因此必须使用防冰除冰设备，如果飞行时间略长，那么就要改变飞行高度或航线。

（4）严重积冰

在严重积冰情况下，防冰除冰设备已经无法将冰层除去或防止冰层增加，需要立即改变飞行高度或航线。

4. 影响积冰的因素

影响积冰强度的因素主要有以下 3 种：

（1）云中过冷水滴的含量和大小

过冷水滴越多，积冰越强；水滴越大，积冰越强。

（2）飞机飞行速度

当机体表面温度低于 0℃ 时，飞行速度越大，单位时间碰到机体表面的过冷水滴越多，积冰强度越大。如果动力增温使机体表面温度升高到 0℃ 以上，则不继续积冰，而且已积的冰会融化。

（3）飞机部位的曲率半径

飞机部位的曲率半径大，气流分离点远，碰上机体的过冷水滴少，积冰强度弱。

5. 积冰的危害

飞机一旦发生积冰，它的气动性能就会变坏。积冰会破坏飞机的流线型，使正面阻力增大、升力和推力减小，使飞机重量增加、操纵困难，严重的时候会危及飞行安全，造成人员伤亡，因此各国都投入大量人力和物力，研究气象设备和分析研究天气现象，杜绝因积冰而引起的飞行事故。

本章小结

风切变、雷暴以及积雪等恶劣气象条件会严重影响无人机在空中的飞行。通过本章的学习，学生可以初步了解无人机在什么样的天气条件下才能安全飞行，为以后从事无人机应用技术工作打好基础。

习题

1. 大气层是如何分层的?
2. 大气有哪些特性?
3. 什么是飞行高度? 飞行高度是如何分类的?
4. 空气的物理参数有哪些?
5. 严重影响飞行的气象有哪些?
6. 什么是风切变? 低空风切变分为哪几种类型?
7. 风切变对飞机飞行有哪些影响?
8. 什么是积冰? 积冰如何分类?
9. 影响积冰的因素有哪些? 飞机积冰有哪些危害?

空中交通管制
和无人机飞行安全

第7章

本章概述

无人机飞行作业一定要安全、合法，因此必须要熟悉空中交通管制及飞行安全等方面的知识。本章主要讲述空中交通管制、空域知识及运行要求、无人机飞行安全等基本知识。

学习目标

1) 掌握空中交通管制的基本概念；

2) 了解空域的基本知识；

3) 掌握空域的运行要求；

4) 掌握无人机飞行安全等方面的知识。

7.1 空中交通管制

7.1.1 空中交通管制的基本概念

扫码看视频

飞机在天上飞行必须遵守空中交通规则，也要受到专门机构的指挥与调度，这就是空中交通管制。它的内容包括：

1) 利用通信、导航技术和监控手段对飞机飞行活动进行监视和控制、保证飞行安全和有秩序飞行。

2) 在飞行航线的空域划分不同的管理空域，包括航路、飞行情报管理区、进近管理区、塔台管理区、等待空域管理区等，并按管理区的不同使用不同的雷达设备。空中交通管制系统如图 7-1 所示。

3) 在管理空域内进行间隔划分，飞机间的水平和垂直方向的间隔构成空中交通管理的基础。

4) 由导航设备、雷达系统、二次雷达、通信设备、地面控制中心组成空中交通管理系统，完成监视、识别、导引覆盖区域内的飞机。

根据国际民航组织的规定，空中交通管制的主要任务是防止飞机在空中相撞，防止飞机与障碍物相撞，保证空中交通无阻和有序飞行。随着科学技术的进步，空中交通管制方式也日益先进。20 世纪 50 年代之前主要采用位置报告的程序管制方式；20 世纪 50 年代引入了一次和二次监视雷达，采用雷达管制方式；20 世纪 60 年代后引入计算机技术，使空中交通管制方式自动化。

空中交通管制适应了飞行安全需求和航空运输发展、满足了空间飞机大量增加的需要，也称为航空管理和空中管制。

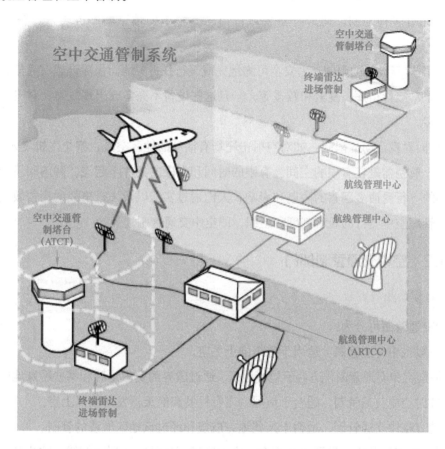

图 7-1　空中交通管制系统

制约航空器飞行的各种因素包括：

1）航空器性能的限制：不同型号的飞机有不同的商务载重、起降条件、巡航时速等。20 世纪 50 年代以前的客机不能飞往青藏高原，而当代则有很多型号的飞机能在高原机场起降。

2）气象条件的限制：不同型号的航空器有不同的飞行气象标准，因为气候变化多端，时常会刮风下雨，还会有各种自然灾害（如龙卷风等），所以绝对的"全天候飞机"是不存在的。

3）不同性质的飞行任务的限制：运输机要求在相对固定的高度层飞行，并且不同型号的飞机有不同的最佳飞行高度层。农业飞机喷洒农药时要求在低空飞行，一般情况下飞得越低喷洒效果越好。

4）时间的限制：为了防止飞机在天空出现接近或相撞等危险，既要在空间垂直方向和水平方向保持高度差和距离，又要在时间上合理调配次序，拉开时间间隔。

5）地理环境的限制：如山峰、高压电塔、电视塔等突出物都对飞行有影响，飞行规则对此有多种限制。此外，重要城市市区、军事要地空域不准飞入，被列为"空中禁区"。

6）地面保障设施的限制：为安全可靠地完成飞行任务，地面保障设施有通信和导航、雷达、气象、航行指挥、搜索和救援等，一旦这些设备不完备或出现故障，对飞行活动的限制就趋多。

7）地面对空活动的限制：如对空射击靶场有活动的地区空域，禁止飞机飞入。

总之，航空器是在有限的空间、有限的时间和有限的条件下起飞、降落和飞行的，由于航空器的飞行受诸多因素的限制和影响，人们通过实践以及飞行事故的痛苦教训逐步形成了一套管理空中飞行的规章制度和组织，即空中交通管制。

7.1.2 空中交通管制部门

1. 管制分类

空中交通管制可分为：

1）一般空中交通管制，适用于整个国土上空。

2）特别空中交通管制，适合于边境地区、通过国界的空中走廊和某些特殊地区上空。

3）临时空中交通管制，适合于演习、飞行检阅和航天器发射场区上空。

4）地方空中交通管制，适合于某些地方航线和经过该地区航线的管制。

为了维持飞行秩序、保证飞行安全，空中交通管制部门要划定航线、防止各类飞机发生在空中相撞或与地面障碍物（如山头、高层建筑物等）相撞等事故。飞机从起飞到降落，一直处在空中交通管制之下，严格按预定时间、航线、高度、速度飞行，受起点机场空域管制中心、沿途航路管制中心和终点机场空域管制中心的指挥与调度。

2. 管制部门

一般设置航路交通管制中心、进近管制室和飞机场管制塔台。

1）航路交通管制中心，也称区域管制。对所管制的飞机沿航路和在空域其他部分飞行时进行引导和监视。每一个区域管制中心均有一个明确的地理区域，它把所管辖的地理区域分为若干扇区。如果备有雷达设备，这一雷达必须能探测整个扇区，并能监视扇区内飞机间的间隔。飞机机组和管制员之间的联系使用的是无线电话。在标明本中心的管制区域界限的边界点上，飞机被交给相邻的航路交通管制中心或交给进近管制室。

2）进近管制室：进近管制是管制从飞机场管制塔台的边界至距离飞机场 50 ～ 100km

范围内，从航路交通管制中心把飞机接收过来，并将其引导到所管辖飞机场中的一个飞机场。在提供这样的引导时，要按顺序安排好飞机，使它们均匀地、有秩序地飞往目的地。进近管制室对所管辖的区域也分为若干个扇区，以均分管制员的工作负担。当飞机飞向或飞离飞机场大约 10km 时，进近管制室将到达的飞机"交给"飞机场管制塔台；或飞机场管制塔台将飞离的飞机"交给"进近管制室。当进近管制设有雷达时，称为航站雷达进近管制（TRACON）。

3）飞机场管制塔台：对飞机场上和在飞机场区内所规定的空域内起飞和降落的飞机进行管制，向机组提供关于风、气温、气压等气象要素和飞机场上有关飞行的情报以及管制在地面上除停放场地外所有的飞机。

航路交通管制中心和进近管制室可以设在飞机场的航管楼内，也可以在飞机场外单建。飞机场管制塔台有的是独立建筑，有的建在航管楼的顶层。小型飞机场一般将进近管制的任务并在飞机场管制塔台内，不单建进近管制室。飞机场管制塔台应布置在便于观看升降带飞机起飞和降落的地方，最好设在跑道中部附近，结合航站区的规划布置，并服从飞机场的总体规划。

7.2 空域知识及运行要求

7.2.1 空域基本知识

扫码看视频

1. 空域分类

空域种类划分的核心是：要在可以接受的安全范围内，为在此空域内运行的航空器提供最大限度的灵活性、机动性，即在高密度、高速运行的空域内，要为航空器提供最大的间隔，并对其实施主动管制；在飞行活动量较少的区域，如果存在可以接受的气象条件，则飞行员能够获得所必需的服务。

空域分类是为了满足公共运输航空、通用航空和军事航空 3 类主要空域用户对不同空域的使用需求，确保空域得到安全、合理、充分、有效的利用。空域分类是复杂的系统性标准，包括对空域内运行的人员、设备、服务、管理的综合要求。国际民航组织标准中把空域分为 7 类，分别为 A、B、C、D、E、F、G 类，具体介绍如下：

1）A 类只允许 IFR 飞行，所有航空器之间配备间隔，提供 ATC 服务，要求实现地空双向通信，进入空域要进行 ATC 许可。

2）B 类允许 IFR 和 VFR 飞行，其他同 A 类。

3）C 类只要求 IFR 飞行之间、IFR 和 VFR 飞行之间配备间隔，对 IFR 飞行之间、

IFR 和 VFR 飞行之间提供 ATC 服务，其他同 B。

4）D 类只要求 IFR 飞行之间配备间隔，对 IFR 飞行之间提供 ATC 服务，对 VFR 飞行提供飞行情报服务，其他同 C。

5）E 类只需要 IFR 飞行实现地空双向通信，VFR 飞行进入空域不需要 ATC 许可，其他同 D。

6）F 类空域对 IFR 飞行提供交通资讯和情报服务，VFR 飞行提供飞行情报服务，所有航空器进入空域都不需要 ATC 许可，其他同 E。

7）G 类空域不需要提供间隔服务，对飞行提供飞行情报服务，只需要 IFR 飞行实现地空双向通信，进入空域不需要 ATC 许可，其他同 F。

由 A 到 G 空域的限制等级逐渐递减。

IFR（Instrument Flight Rules）仪表飞行规则，一般用于高空飞行和恶劣天气情况下。

VFR（Visual Flight Rules）目视飞行规则，与 IFR 相对。在 IFR 不可用时使用，如自动驾驶仪损坏。多数小型飞机如赛斯纳上都没有 IFR 设备，这时使用 VFR。干线飞机上都按 IFR 飞行。

2. 国际空域区域类型

1）情报区：ICAO（国际民航组织）在有关的文件、公约中承认每个主权国家对境内的空域拥有主权，ICAO 也在有关的文件、公约中强调提供空中变通服务应更多地取决于航行的需要。因此，在绝大部分情况下，ATS 服务的提供与其疆域是一致的。也有一些情况例外，在国际空域如公海上空的空域的服务则由具有实力并可承担此责任的国家或地区承担，在此需要强调的是，受权国无权将本国的规章强加于有关的航空器，大家共同遵守的是 ICAO 的附件和有关的地区协议，上述空域就是一种飞行情报区（简称情报区）。另外一种就是每个国家根据本国的实际情况（无线电的覆盖范围、行政大区的确定、人员的配备管理方法）划分为若干个情报区，在本区的服务可由飞行情报中心提供，也可以由区域管制中心提供，我国更多选后者。我国划设了 11 个飞行情报区。

2）控制区：在本意上讲，就是要为在本区内的飞行提供空中交通管制服务，当然根据不同的空域类型，服务可有所不同。每个管制区的确定也取决于无线电的覆盖范围、地理边界、配备的人员、设施及管理的手段等。根据飞行量、空域的结构、活动的构成等，在垂直方向可划分为高空、中低空管制区，在水平面方向可划分为多个管制区或多个扇区。

3）咨询区：是介于情报区和管制区之间的一种临时性的过渡性区域，筹建咨询区便于未来在人员的选拔、培训，设备（设施）的添置等满足要求时再平稳地过渡到能提供更多、更及时服务的管制区。我国目前未设立此类型区域。

3. 我国空域的类型

1）危险区：可以由每个主权国家根据需要在陆地或领海上空建立，也可以在无明确主权的地区建立，它在所有限制性空域中的约束、限制最少。被允许在其内运行的飞机受到保护，其他航空器的运行会受到可能的影响，因此有关国家应在其正式的文件、通告中发布该区建立的时间、原因、持续的长短，以便其他飞行员做决策。ICAO 规定，在公海区域只能建立危险区，因为谁也无权对公海飞行施加更多的限制。我国在航图上用 D 表示危险区。

2）限制区：是限制、约束等级比危险区高，又比禁止区低的一种空域，在该空域内飞行并非是绝对禁区，而是否有危险已不能仅取决于飞行员自身的判别和推测。此种类型空域的建立一般不是长期的，所以最重要的是要让有关各方知道，该区何时开始生效、何时将停止存在、赖以建立的条件、原因是否依然存在。与该区相关的活动往往包括空中靶场、高能激光试验、导弹试验，有些限制区的生效时间持续 24h，有些仅作用于某些时段，其他时段对飞行无任何影响。美国 FAA（联邦航空管理局）规定，一旦限制区生效，有关的管制机构应该被通知，正式的 ATC 机场才可发布许可指挥 IFR 飞行远离该区，VFR 飞行可以获得来自 ATC 方面的导航帮助，但是飞行员必须自行保持与限制区间的间隔。一旦限制区不再生效，有关的管理机构应通知 ATC 单位，然后才可允许 IFR、VFR 在该区域内飞行。该区可在 VFR、IFR 航图上用 R 加以标注。

3）禁止区：被划分为永久性和临时性禁止区两种，是在各种类型的空域中限制、约束等级最高的，一旦建立，任何飞行活动都会被禁止，除非有特别紧急的情况，否则将遭受致命的灾难。这些区域主要用来保护关系到国家利益的重要设施、核设施、化学武器生产基地、某些敏感区域，这些区域不仅本身很重要，而且当发生工作事故、波及上述目标后，又将产生极大的危害，所以对于该区的建立各国都比较慎重，常以醒目的 P 在航图上加以标注。

4）放油区：围绕大型机场建立的供飞机在起飞后由于种种原因不能继续飞行，返回原起飞机场又不能以起飞全重着陆时而划定的一片区域。设计该区域的主要目的是放掉多余燃油，使飞机着陆时不超过最大允许着陆重量，对飞机不造成结构性损伤，大大减少其他可能事件的发生。这样的区域一般规划在远离城市的地带。

5）预留区：一般分为两种，参照地面相互位置不动的空域即为固定性，相互位置移动的空域即为活动性，前者往往涉及如军事训练、飞行表演等的飞行活动。后者往往涉及空中加油、航路编队飞行等的飞行活动。无论是哪种，在预留区的外围都应建立缓冲区，以便于 ATS 机构能有足够的裕量保证其他飞行的安全。无论是何种预留区，使用的时间都有限制，当预留区的相关飞行活动结束后，该区也应撤销。预留区的建立应和 ATS 机构有良好的协调，使其可以从程序及其他方面对该区的建设予以保障。

7.2.2　空域运行要求

1. 概况

扫码看视频

目前我国民用遥控驾驶航空器系统使用的空域分为融合空域和隔离空域。融合空域是指有其他载人航空器同时运行的空域，隔离空域是指专门分配给遥控驾驶航空器运行的空域，通过限制其他载人航空器的进入以规避碰撞风险。

2. 申报飞行空域

申报的飞行空域原则上与其他空域水平间隔不小于 20km，垂直间隔不小于 2km。一般需提前 7 日提交申请，需提交下列文件：

1) 国籍标志和登记标志。

2) 驾驶员相应的资质证书。

3) 飞行器性能数据和三视图。

4) 可靠的通信保障方案。

5) 特殊情况处置预案。

3. 申报飞行计划

无论是在融合空域还是在隔离空域实施飞行都要预先申请。经过相应部门批准后方能执行。飞行计划申报应于北京时间前一日的 15 时前向所使用空域的管制部门提交飞行计划，申请包含下列基本内容：

1) 飞行单位、任务、预计开始飞行与结束飞行的时间。

2) 驾驶员姓名代号（呼号）。

3) 型号与数量。

4) 起飞、降落地和备降地。

5) 飞行气象条件。

6) 巡航速度、飞行高度和飞行范围。

7) 其他特殊保障需求。

4. 紧急飞行计划的申报

执行紧急救护、抢险救灾或者其他紧急任务时，飞行计划申请最迟应在飞行前一小时提出。

7.3 无人机飞行安全

7.3.1 飞行安全的定义

飞行安全是指航空器在运行过程中不出现由于运行失当或外来原因而造成航空器上人员或者航空器损坏的事件。实际上由于航空器的设计、制造与维护难免有缺陷，其运行环境包括起降场地、运行空域、助航系统、气象情况等复杂多变，机组人员操纵也难免会出现失误。

7.3.2 影响飞行安全的因素

1. 航空气象对无人机飞行安全的影响

无人机飞行前请注意观察气象。影响无人机的气象环境主要有风速、雨雪、大气密度和温度等因素。

（1）大气温度对飞行安全的影响

大多数无人机采用风冷自然散热，温度环境与无人机运行温度的温差越小，无人机的电动机、电调、电池等电子设备的散热越慢。

（2）空气密度对飞行安全的影响

大气层空气密度随着海拔高度的增加而减小。在空气密度较低的环境中飞行，无人机的转速增加、电流增加、续航时间减少。

（3）雨雪对飞行安全的影响

市面上多数无人机设备无防水功能，因此雨雪形成的水滴会导致无人机电子电路部分产生短路或漏电等情况，其次机械结构部分零件为铁或钢等金属材料，进水后会腐蚀或生锈，影响机械运动的正常运行。

（4）大雾对飞行安全的影响

主要影响操纵人员的视线和镜头画面，难以判断实际安全距离。

（5）风速对飞行安全的影响

建议飞行风速在4级以下，在楼层或者峡谷等地方飞行时要注意突风现象。通常起飞重量越大，抗风性越好。

2. 飞行环境对无人机飞行安全的影响

（1）电磁环境对无人机飞行安全的影响

飞行前，要观察无人机飞行区域周边电磁干扰源的情况。现在主流无人机所使用的无线电遥控设备使用的是 2.4G 频段，如果无人机飞行区域的电磁辐射太强，就会干扰无人机遥控器的操控，从而导致无人机失控。

（2）空间环境对无人机飞行安全的影响

无人机飞行时应尽量避免在公园、树林、空间狭小、人群稠密的地区或闹市区中飞行。注意地面相对环境的变化，在无人机起飞和降落时，应尽量远离小孩或宠物所在的位置。高大的建筑物会影响指南针的工作、遮挡 GPS 信号，导致无人机定位效果变差甚至无法定位。

7.3.3 飞行安全的注意事项

1．无人机飞行前的检查

（1）无人机设备检查

飞行前应全面检查无人机设备，内容包括：部件的连接是否牢固；螺旋桨、电动机、电调的安装位置是否正确；遥控器以及电机、电调等电子设备是否正常工作；遥控器的操控模式、信号连接情况是否正确；电子设备的电量是否充足等。

（2）地面检查

飞行前需要检查无人机地面通信、地面站工作是否正常。

（3）飞行环境检查

检查周围环境是否适合无人机飞行作业，所选择的飞行起降场地是否合理，飞行空域是否申报。

2．无人机的开关机顺序

开机顺序：要先开启遥控器电源，后开启无人机电源。

关机顺序：先关闭无人机电源，后关闭遥控器电源。

3．飞行前的注意事项

1）要确保电池电量充足。

2）飞行前选择好飞行场地，应选择一个开阔无遮挡的场地进行飞行，请勿超过安全飞行高度，应在 120m 高度以下飞行。

3）飞行区域应保证 GPS 信号良好。

4）要熟悉飞行空域周边的情况，不要在机场或军事基地周边等禁飞区域飞行，要遵守无人机法律法规。

4．飞行时的注意事项

（1）无人机的飞行控制

要保持无人机在视线范围内控制，无人机要在视线内飞行，应时刻保持对无人机的控制；无人机要远离障碍物、人群密集区、水面等区域；要远离高压线、通信基站或发射塔等易受电磁干扰的区域，以免遥控器受到干扰而导致无人机失控。

（2）飞行突发情况的处理

1）无人机碰到障碍物的处理：当无人机的螺旋桨打到障碍物而卡住时，应立即关闭遥控器油门、关闭动力，否则由于堵住电动机、产生大电流而烧毁电池、电路板、电动机等设备。

2）无人机飞行失联的处理：当无人机在飞行时失去了信号，应等待飞机返航或重新获得信号。如果在信号丢失5min之后还未返回，则应根据航拍视频确定无人机失联的位置，将开启的遥控器及手机移至失联地点附近，看是否能连接上失联的航拍飞机，若能连接上，则可以通过手机屏幕定位及无人机摄像头的内容确定无人机的坠落位置。

本章小结

在从事无人机飞行活动时，需要远离机场等禁飞区，还要了解无人机运行的相关要求。通过本章的学习，学生基本了解了空中交通管制和无人机飞行安全等基本知识，做到合法飞行、安全飞行。

习题

1. 什么是空中交通管制？空中交通管制是如何分类的？
2. 空中交通管制部门有哪些？各部门有哪些职责？
3. 空域是如何分类的？
4. 空域运行有哪些要求？
5. 申报飞行计划包括哪些基本内容？
6. 什么是飞行安全？影响飞行安全的因素有哪些？
7. 无人机飞行前需要做哪些检查？
8. 无人机飞行时要注意哪些事项？

无人机
装调常用的工具与材料

第 8 章

本章概述

在进行无人机组装之前，必须知道需要准备哪些工具、哪些材料。本章主要讲述无人机组装和调试时常用的工具与材料的种类以及这些工具和材料的具体应用场合。

学习目标

1）掌握无人机装调常用工具的功用；

2）掌握常用组装工具的使用技能；

3）掌握无人机装调常用材料的用途；

4）掌握常用组装材料的使用技能。

8.1　夹持工具

8.1.1　尖嘴钳

用于夹持小物体，可在狭小空间进行操作，如图 8-1 所示。尖嘴钳有不同长度的钳口，有直、斜尖嘴钳两种。它用于附件紧密处的操作和夹持小物体、拧接保险丝等。

图 8-1　尖嘴钳

8.1.2　镊子

镊子可以用来夹持细小精密物件、导线、元件及集成电路引脚等。一般有直头、平头、弯头镊子等，如图 8-2 所示。

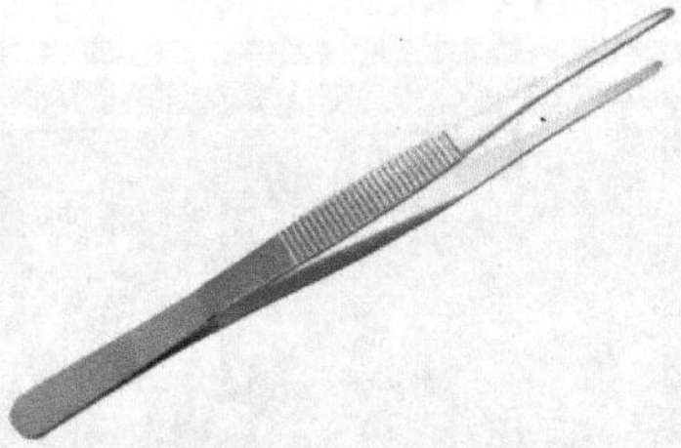

图 8-2　镊子

8.2　紧固工具

8.2.1　螺钉旋具

螺钉旋具是一种用来拧转螺钉迫使其就位的工具，它可以用来紧固或拧松螺钉。螺钉旋具按形状、刀口类型和刀口宽度来分类。螺钉旋具的长度是以刀杆长度标示，从十几毫米到几百毫米有多种长度。刀柄一般采用木质和高强度塑料。常用的有"一"字螺钉旋具和"十"字螺钉旋具，分别如图 8-3 和图 8-4 所示。

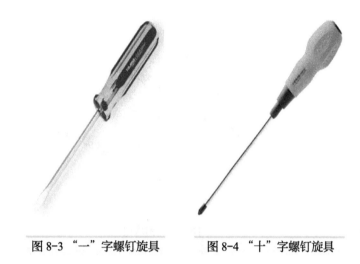

图 8-3 "一"字螺钉旋具　　　　图 8-4 "十"字螺钉旋具

8.2.2 扳手

扳手是维修中最常用的工具，可用来拆装有棱角的螺栓和螺母。常用的有呆扳手、活动扳手和内六角扳手。呆扳手如图 8-5 所示，组合扳手如图 8-6 所示，内六角扳手如图 8-7 所示。

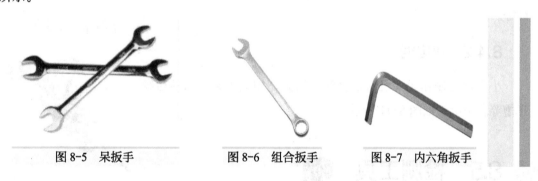

图 8-5 呆扳手　　　　图 8-6 组合扳手　　　　图 8-7 内六角扳手

8.3 剪切工具

8.3.1 斜口钳

斜口钳主要用于剪切导线、元器件多余的引线，还常用来代替一般剪刀剪切绝缘套管、尼龙扎线卡等，如图 8-8 所示。斜口钳又称克丝钳，是维修中不可缺少的工具。

图 8-8 斜口钳

8.3.2 剥线钳

剥线钳如图 8-9 所示，用于剥除绝缘电线头部的表面绝缘层，使电线被切断的绝缘皮与线芯分开。

图 8-9 剥线钳

8.4 电动工具

8.4.1 手电钻

手电钻如图 8-10 所示。手电钻可用来钻孔、攻螺纹、拧螺钉等。

图 8-10 手电钻

8.4.2 小电锯

小电锯在制作无人机时也会经常用到，如锯木条、锯前后缘开槽等。小电锯如图 8-11 所示。

8.5 检测工具

8.5.1 试电笔

图 8-11 小电锯

试电笔如图 8-12 所示。试电笔是一种电工工具，用来测试电线中是否带电。

图 8-12 试电笔

8.5.2　万用表

在无人机装调时，万用表主要用来测量无人机电子设备中的电压和电流信号。

1. 万用表测电压的操作方法

（1）万用表测交流电压

1）将数字万用表调节到电压档位，V 符号下有个～号。量程最好选择 250 ～ 500V，如果是三相电压一定要选择超过 380V 的量程。电压档位如图 8-13 所示。

2）红色的表笔插在 + 插孔内，黑色的表笔插在 – 插孔内。表笔插孔如图 8-14 所示。

图 8-13　电压档位

图 8-14　表笔插孔

3）查看万用表显示读数，确认量程。交流电压的测量如图 8-15 所示。

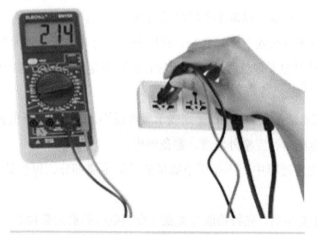

图 8-15　交流电压的测量

（2）万用表测直流电压

1）将红表笔插入"V/Ω"插孔，将黑表笔插入"COM"插孔。

2）将功能开关置于直流电压档 V– 处，将测试表笔置于待测器件两端。对于指针式万用表而言，红表笔要接电路正极，黑表笔接电路负极，若电路正负极不清楚，则可以在最大量程情况下在被测电路上试一下，根据笔针偏转的方向判断正负极；而数字万用表不存在这种情况，红黑表笔可以任意接在待测器件两端，假设红表笔端为正极，若假设错误，则万用表显示读数为负值。

3）查看万用表显示读数，确认量程，并确定电压方向。直流电池电压的测量如图8-16所示。

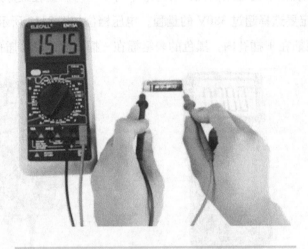

图8-16　直流电池电压的测量

（3）万用表测电压的注意事项

1）在万用表使用之前，应先进行机械调零。

2）万用表应水平放置，以减小外界磁场对其的影响。

3）如果被测电压范围处于未知状态，则应先将功能开关置于最大量程并逐步降低。

4）若在测量过程中发现量程不符，则应在断开表笔后进行量程的变更，不能在测量过程中进行换挡。

5）如果万用表显示器只显示"1"，则表示量程过小，应将功能开关置于更大的量程上。

6）当测试高电压时，应格外注意，避免触电。

7）在万用表使用过程中，不能用手触碰表笔的金属部分，以保证人身安全和测量结果的准确。

8）万用表使用完毕后，应将功能开关置于交流电压的最大量程处，若长时间不使用，则应取出其内部电池，以免腐蚀表内其他器件。

2. 万用表测电流的操作方法

（1）使用万用表测量直流电流

万用表直流电流挡标有"mA"，有1mA、10mA、100mA三档量程。选择量程应根据电路中的电流大小。如果不知电流大小，则应选用最大量程。

测量前，先将黑表笔插入"COM"孔。若测量大于 200mA 的电流，则要将红表笔插入"10A"插孔并将旋钮旋转到直流"10A"档；若测量小于 200mA 的电流，则将红表笔插入"200mA"插孔，将旋钮旋转到直流 200mA 以内的合适量程。调整好后，就可以测量了。

测量电流时，应将电路相应部分断开后，将万用表表笔接在断点的两端。红表笔应接在和电源正极相连的断点，黑表笔接在和电源负极相连的断点。将万用表与被测电路串联，保持稳定，即可读数。若显示为"1"，那么就要加大量程；如果在数值左边出现"−，则表明电流从黑表笔流进万用表。

测量完毕，应断开电源，按要求收好万用表。

（2）使用万用表测量交流电流

测量方法与测量直流电流的方法相同，不过档位应该旋转到交流档位，电流测量完毕后应将红笔插回"V/Ω"孔。

8.6 焊接工具

8.6.1 电烙铁

电烙铁可用来焊接电子元器件和导线，如图 8-17 所示。

图 8-17 电烙铁

焊接操作：

右手持电烙铁，左手用尖嘴钳或镊子夹持元件或导线。焊接前，电烙铁要充分预热。烙铁头的刃面上要"吃锡"，即带上一定量焊锡。将烙铁头刃面紧贴在焊点处。电烙铁与水平面大约成 60°角。以便于熔化的锡从烙铁头上流到焊点上。烙铁头在焊点处停留的时间控制在 2 ~ 3s。抬开烙铁头，左手仍持元件不动，待焊点处的锡冷却凝固后才可松开左手。用镊子转动引线，确认不松动，然后可用斜口钳剪去多余的引线。

8.6.2　风枪焊台

风枪焊台又叫热风拆焊台，是利用发热电阻丝的枪芯吹出的热风来对元器件进行焊接与摘取的工具，如图 8-18 所示。

图 8-18　风枪焊台

热风枪使用的注意事项：

1）启动热风枪时，请不要移开视线，如果有事要离开，不论时间多短，请先拔掉插头。

2）尽量在干燥的地方使用，潮湿的环境会引起不必要的电气漏电。如果一定要在潮湿的地方工作请尽量选择干燥的地方站立，并穿上胶鞋。

3）为了防止灼伤或个人受伤，请勿直接用手触摸高热的前管。

4）热风枪温度非常高，请勿将热风枪直吹于会因热而使外表受损的物体。例如，塑胶零件、纺织品类，或外表上有布面、绒面之类的家具。

5）不要在存放有毒溶剂的狭窄空间中使用热风枪。由于有毒的溶剂遇到热空气会慢慢蒸发而积聚成可燃的浓度。有些溶剂甚至在低至 204℃ 时都会起火燃烧，所以尽量远离有毒溶剂的空间。

6）当要收存热风枪时，必须等待白铁管冷却，直到可用手触摸时才可收存。

7）不要堵塞热风枪入风口或白铁管的出风口，这将降低空气的流量，并且会增加出风口的温度，同时会造成热风枪内部零件温度升高、过热而使热风枪损坏。

8.6.3　热熔胶枪

热熔胶枪是一款非常方便快捷的粘胶工具，如图8-19所示。

热熔胶是一种固体胶，黏结固定物品时使用，市场上现在主要以EVA材质和聚氨脂热熔胶为主，产品完全环保、固化时间快、适用范围广泛等。使用方法是通过热熔胶枪加温熔化后打在需要黏结固定的地方，快速固化后起固定作用。

图8-19　热熔胶枪

热熔胶枪使用的注意事项：

1）热熔胶枪使用前，应检查电源接插座是否接触良好。

2）热熔胶枪首次使用时，电热元件会轻微冒烟，这是正常情况，10min后会自然消失。

3）接通电源后，不可长时间处在备用状态（不可超过20min），当暂停使用时，先把电源插头拔出。

4）避免在极高温或极低温环境下使用。

5）不宜在冷风直吹下进行工作，否则会降低效率、损耗电源。

6）当连续使用时，不可用力加压扳机而企图把未能完全融化的熔胶挤出，否则会导致严重损坏。

7）不适用于黏合沉重的物件或需要强力黏性的物件。

8）使用物件的品质，将直接影响熔胶枪的功能和工作物件的质量。

8.7　测量工具

8.7.1　钢直尺

钢直尺如图8-20所示。长度为300mm和1m的钢直尺比

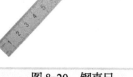

图8-20　钢直尺

较常用，主要用来测量。在裁剪木板等材料时可以当靠尺使用。

8.7.2 游标卡尺

游标卡尺是精密的测量工具，它是精密制造、精确标定的，是一切制造、装配、检验的基准。所有装调人员都应熟悉如何使用、读值和保管测量工具。

游标卡尺是常用的内、外及深度的测量尺。游标卡尺的读数是由主尺和副尺两部分之和表示，如图 8-21 所示。

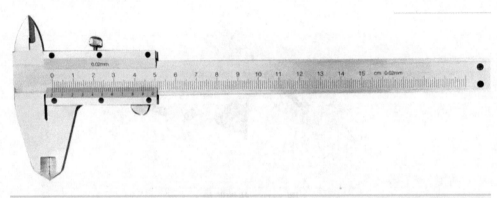

图 8-21　游标卡尺

鉴于我国民用飞机绝大部分是进口飞机，这里以英制单位的游标卡尺为例来说明。游标卡尺采用十进制，主尺上每英寸分为 10 个大格，每个大格为 0.1in；每 1 个大格又分成 4 个小格，每个小格为 0.025in；副尺刻线为 25 个小格，即将主尺每一个小格分为 25 份，因此其精度为 0.001in。测量工件尺寸时，工件置于固定卡脚与活动卡脚之间。从主尺上读出对应于副尺零刻度的大格数 a 及最后 1 个大格后面的小格数 b。再找到主尺与副尺刻度线对正的副尺读数 c。则工件尺寸 d 为（0.1a+0.025b+0.001c）in。

电子数显游标卡尺如图 8-22 所示，它是固定翼、直升机、多轴无人机常用的组装测量工具。

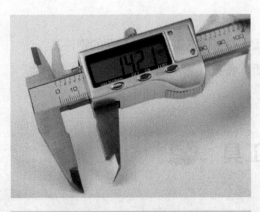

图 8-22　电子数显游标卡尺

8.8 常用的材料

8.8.1 扎带

1. 尼龙扎带

尼龙扎带主要用于无人机装调时的导线困扎和固定，尼龙扎带有止退功能，只能越扎越紧，如图 8-23 所示。

图 8-23 尼龙扎带

2. 魔术贴扎带

魔术贴扎带主要用于电池的固定，如图 8-24 所示。魔术贴扎带分为公母两面，两面可以牢固地黏合在一起。在受到一定拉力时可以被打开，也可以多次反复开合。

图 8-24 魔术贴扎带

3. 魔术贴

魔术贴如图 8-25 所示。在无人机装调时主要用于粘贴电池、U-Box 等需要经常安装和拆卸的物品。

图 8-25　魔术贴

8.8.2　胶带

1.纤维胶带

纤维胶带如图 8-26 所示。在无人机装调时，纤维胶带主要用于结构件之间的固定与加强。它是泡沫板固定翼无人机常用的胶带。

图 8-26　纤维胶带

2.纸胶带

纸胶带如图 8-27 所示。在无人机装调时，纸胶带主要用于如接收机天线等一些不需要太大黏合力的临时结构固定。

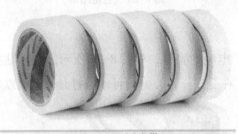

图 8-27　纸胶带

3.双面胶带

双面胶带如图 8-28 所示。双面胶带具有双面黏合力，可以完成物体结构内部的黏合，黏合强度高。

图 8-28　双面胶带

8.8.3 胶水

1. 瞬干胶

瞬干胶是一种干得很快的胶水，这种胶的特点是固化快、黏结强度大、黏结面广。502 胶水就是一种瞬干胶，它能够迅速固化黏结，固化后无毒。502 胶水如图 8-29 所示。

2. 热熔胶

热熔胶如图 8-30 所示。它是一种无毒无味的环保型胶粘剂，可用于塑料、电子元器件、泡沫板的黏结。

图 8-29　502 胶水

图 8-30　热熔胶

3. 泡沫胶

液体泡沫胶如图 8-31 所示。它是一种无色、透明、无腐蚀性、黏性强、无毒的黏稠液体，泡沫胶广泛用于 KT 板、EPO 等泡沫材料之间的黏合，是专门用来粘贴泡沫板的胶。

图 8-31　液体泡沫胶

4. 螺钉胶

螺钉胶如图 8-32 所示。主要用于螺钉和螺母的螺纹连接处。

螺钉胶的使用方法如下：

1）请将螺钉底部的水分、油脂类及其他污垢清除。

2）利用毛刷就可简单涂抹，因为其有良好的浸透性，所以在已经锁好的螺钉的头部涂抹也是可以的。

3）在未固定之前（大约 2h）涂抹的部分请不要触摸。

4）取出时只需要比固定时大约增加 15% ～ 30% 的力气，就可简单地取出。

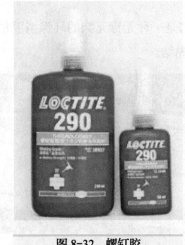

图 8-32　螺钉胶

5. 硅橡胶

704 硅橡胶如图 8-33 所示。它是一种黏结性好、强度高、无腐蚀的硅橡胶。组装无人机时常用于一些线路接口处的密封防水处理。

图 8-33　704 硅橡胶

8.8.4 热缩管

热缩管是一种特制的 EVA 材质的热收缩套管，如图 8-34 所示。它广泛用于各种线束、焊点电感等的绝缘保护。

图 8-34 热缩管

8.8.5 焊锡丝

焊锡丝如图 8-35 所示。焊锡是焊接电子线路中连接电子元器件的重要工业原材料。

图 8-35 焊锡丝

8.8.6 紧固件

1. 螺栓

在机械制造中螺栓广泛应用于可拆连接，一般与螺母（通常会加 1 个或两个垫圈）配套使用。螺栓有普通螺栓和双头螺栓。普通螺栓适用于两个较薄零件之间的连接。普通螺栓如图 8-36a 所示。双头螺栓用于较厚连接件之间的连接，该连接件强度较差，且需要经常拆卸。双头螺栓如图 8-36b 所示。

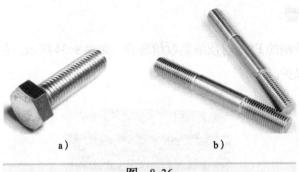

图 8-36

ⓐ 普通螺栓 ⓑ 双头螺栓

2. 螺母

螺母就是螺帽，是与螺栓或螺杆拧在一起用来起紧固作用的零件。由于无人机飞行时会产生振动，为防止螺母松动，通常会采用防松螺母。防松螺母如图 8-37 所示。

图 8-37　防松螺母

3. 螺钉

螺钉如图 8-38 所示。螺钉通常是单独使用，一般起紧固作用，应该拧入机体的内螺纹。螺钉分为开槽普通螺钉、埋头螺钉、自攻螺钉、自攻紧锁螺钉等种类。

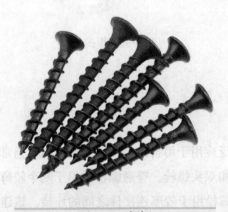

图 8-38　螺钉

本章小结

　　无人机装调常用工具和材料的选取和使用是从事无人机装调工作的一项基本技能。通过本章的学习，学生可以基本掌握无人机组装和调试工作需要的准备工具和材料，从而为学习下一章无人机的组装与调试打下基础。

习题

1. 无人机装调时常用的夹持工具和紧固工具有哪些？
2. 无人机装调时常用的胶带有哪些？各有什么功用？
3. 风枪焊台有什么用？在使用时要注意哪些事项？
4. 无人机装调时常用的胶水有哪些？各有什么功用？
5. 无人机装调时常用的紧固件有哪些？
6. 热熔胶枪有什么用？在使用时要注意哪些事项？
7. 尼龙扎带、魔术贴扎带、魔术贴在无人机装调时各有什么功用？

本章小结

本章介绍了……

习题

1. ……
2. ……
3. ……
4. ……
5. ……
6. ……
7. ……

无人机
的组装与调试

第9章

本章概述

无人机的组装与调试是从事无人机应用技术工作的一项重要技能。本章主要讲述多旋翼无人机的组装和调试的方法和操作步骤、固定翼无人机的组装和调试的方法和操作步骤等基本知识。

学习目标

1）掌握多旋翼无人机的组装方法、步骤和技能；

2）掌握多旋翼无人机的调试方法、步骤和技能；

3）掌握固定翼无人机的组装方法、步骤和技能；

4）掌握固定翼无人机的调试方法、步骤和技能。

9.1 多旋翼无人机的组装

9.1.1 多旋翼无人机的配件清单

这里以轴距为 450mm 的 DJI F450 无人机为例介绍多旋翼无人机的组装过程，配件清单见表 9-1。

表 9-1 F450 无人机配件清单

序 号	配件名称	规格或型号	数 量	单 位
1	机架	轴距 450mm	1	套
2	脚架	机臂自带	1	套
3	电动机	2212、1000kV	4	个
4	电调	无刷、30A	4	个
5	电池	3S、5200mA	1	块
6	螺旋桨	9450、自锁	2	对
7	飞控系统	NAZA LITE	1	套
8	减震板	机架自带	1	个
9	GPS 模块	M8N	1	个
10	GPS 支架	折叠	1	个
11	杜邦线	10cm	4	根
12	遥控器	9 通道、2.4GHz	1	个
13	接收机	遥控器自带	1	个

9.1.2　线路的焊接

刚买回来的部件没有经过处理，只是一些裸露的线头。如果简单地将这些线头绑在一起，可能会引发电流过大而导致绝缘胶带烧毁，而且不便于拆卸。为了方便拆卸，现在普遍使用香蕉头作为电动机以及电调的连接接头，如图 9-1 所示。

图 9-1　香蕉头

1．电机线与香蕉头焊接

焊接时需要电烙铁、焊锡、香蕉头、电动机。在焊接前需要把从电动机中接出的线切出一小段线头，焊接前的电动机线如图 9-2 所示。在焊接时需要将香蕉头立起来进行焊接，如果没有专用工具可以使用尖嘴钳代替。

图 9-2　焊接前的电动机线

电动机线与香蕉头焊接结束后需要套上热缩管，使用热风枪给热缩管加热，使其收缩包紧线路的接口，起到绝缘作用从而避免短路。焊接好的电动机线与香蕉头如图 9-3 所示。

图 9-3 焊接好的电动机线与香蕉头

2. 电调线与香蕉头的焊接

在焊接前需要把从电调中接出的线切出一小段线头,焊接前的电调线如图 9-4 所示。

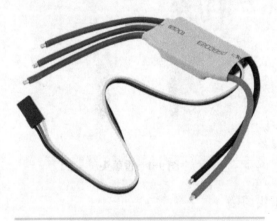

图 9-4 焊接前的电调线

焊接结束后需将接头套上热缩管,使用热风枪给热缩管加热,使其收缩包紧线路的接口,起到绝缘作用。焊接好的电调线与香蕉头如图 9-5 所示。

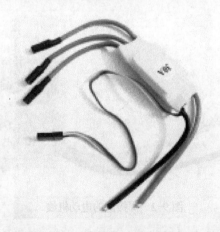

图 9-5 焊接好的电调线与香蕉头

3. 将电调、电源线焊接至下中心板

把电调焊接至下中心板，放好下中心板，取电源主线，焊接在下中心板的电源输入"+"
"−"触点上。电调线和电源线焊接在下中心板上的位置如图 9-6 所示。

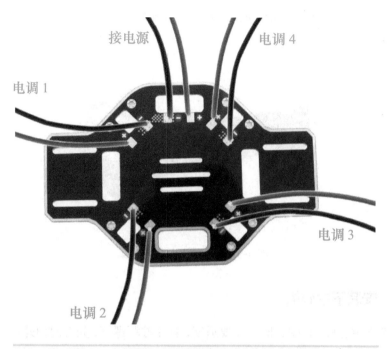

接电源　电调 4

电调 1

电调 3

电调 2

图 9-6　电调线和电源线焊接在下中心板上的位置

4. 电源T形头的焊接

在焊接时要区分电池的 T 形头的正负极，红色线为正极、黑色线为负极。焊接好的电
源线 T 形头如图 9-7 所示。

图 9-7　焊接好的电源线的 T 形头

9.1.3 安装电动机

把电动机放在机臂的电动机安装座上，电动机线向中心板方向，3 条电源线分别向下穿过机臂孔。拿出机臂附带的电动机安装螺钉，在螺钉上滴上螺旋胶，把电动机拧紧在机臂上，如图 9-8 所示。

图 9-8　将电动机安装至机臂

9.1.4 安装下中心板

安装机身下中心板。拧螺钉时力度要适度，避免拧坏螺钉，先打对角螺钉，拧至 2/3 处，全部拧完后统一拧紧。安装好的下中心板如图 9-9 所示。

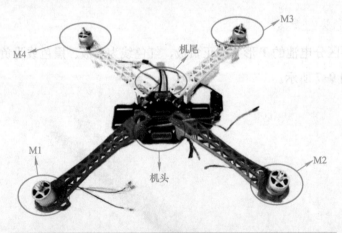

图 9-9　安装好的下中心板

9.1.5 安装飞控及接收机

用 3M 胶纸将 NAZA 飞控粘贴在下中心板的上面（正面），飞控尽量装在下中心板的中心。使用泡沫双面胶将接收机安装在下中心板上，如图 9-10 所示。

扫码看视频　　扫码看视频

图 9-10　接收机安装效果图

9.1.6　安装上中心板

将上中心板放在正确的位置，用螺钉固定，如图 9-11 所示。

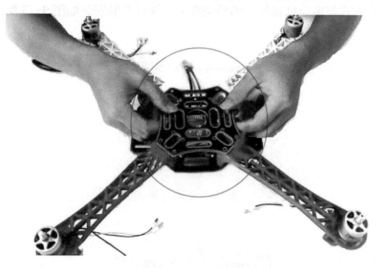

图 9-11　安装上中心板

9.1.7　安装电动机和电调

为了更加牢固地安装电调，要把平整的那面装在机臂上，并用自锁扎带固定，依次将电调安装至机臂。

扫码看视频

9.1.8 GPS及LED安装

首先用胶水组装 GPS 碳杆支架；再把 GPS 底座安装在飞行器的上中心板 M4 机臂螺钉孔上，再用胶纸把 GPS 固定在支架的顶盘上，如图 9-12 所示。

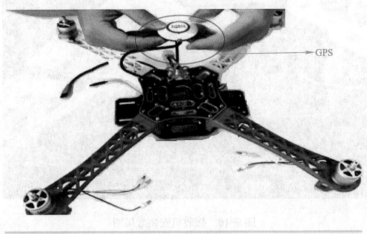

图 9-12 安装 GPS

9.1.9 安装螺旋桨

桨片的固定方式与电动机和桨片的种类有关，螺旋桨的安装如图 9-13 所示。

螺旋桨安装分解图

螺旋桨安装

图 9-13 螺旋桨的安装

组装完毕的 F450 多旋翼无人机如图 9-14 所示（注意：在进行无人机有桨调试之前禁止安装螺旋桨）。

图 9-14   F450 多旋翼无人机

9.2   多旋翼无人机的调试

9.2.1   参数调整软件介绍

参数调整软件特点：

1）QQ 飞控：价格便宜、扩展性低、没有定高功能。

2）APM 飞控：价格适中、调试复杂、扩展性高、几乎支持所有功能。

3）大疆 NAZA 飞控：价格比较高，但是参数调整简单、安装简单、外观友好、功能强大。

多旋翼无人机在飞行前还要进行调试，这里介绍采用参数调整软件 NAZA-M LITE 进行固件的更新与刷写、初始化校准、遥控器校准、试解锁检查、电调校准、飞行模式设置、自动参数调整等调试。NAZA M LITE 调试软件如图 9-15 所示。

在无人机组装完毕后，就要对无人机进行调试了，根据调试过程中是否需要安装螺旋桨，可分为无桨调试和有桨调试。

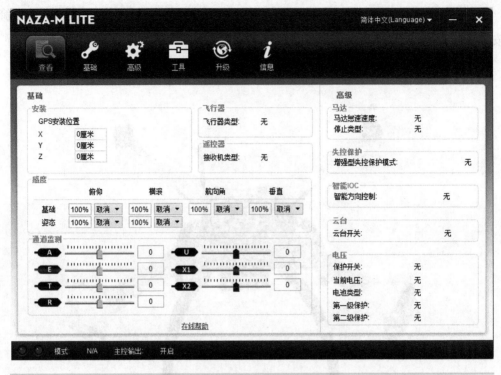

图 9-15　NAZA M LITE 调试软件

9.2.2　多旋翼无人机的无桨调试

1. 无桨调试前的检查

1）检查桨叶是否全部拆除。

2）检查电动机座，机架螺钉是否拧紧。

3）检查电动机是否安装正确。

4）检查 GPS 装置，飞控装置的线路是否接入正确。

5）检查电路焊接处是否焊接扎实。

6）检查飞行器供电电池电量是否充足。

7）检查遥控器电量是否充足。

8）检查是否有准备好的数据线。

2. 大疆NAZA参数调整步骤

（1）飞行器类型选择

开启遥控器，将电源通电，数据线连接计算机和飞控，打开大疆 NAZA 参数调整软件，单击"基础"按钮，选择"飞行器"选项卡，然后单击需要设置的机架类型，如图 9-16 所示。

（2）主控器和 GPS 安装位置

GPS 安装有方向要求，务必使 GPS 模块印有箭头的一面朝上，并且箭头指向飞行器的正前方。主控器和 GPS 安装位置设置如图 9-17 所示。

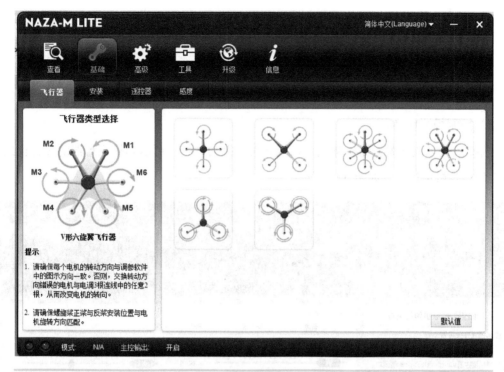

图 9-16　飞行器机架类型设置

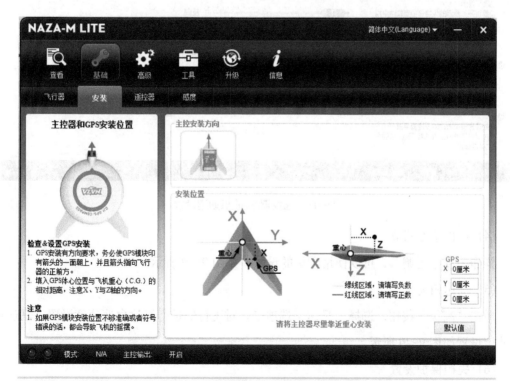

图 9-17　主控器和 GPS 安装位置设置

（3）遥控器/接收机通道设置

1）接收机类型选择。

根据个人接线方式选择接收机类型。

2）命令杆校准。

在校准处单击"开始"按钮，推动遥控器的摇杆至最大、最小，单击"完成"按钮。

3）控制模式切换。

选择一个三位开关作为控制模式切换开关，拨动开关，可以切换飞行器的飞行模式。遥控器/接收机通道设置如图 9-18 所示。

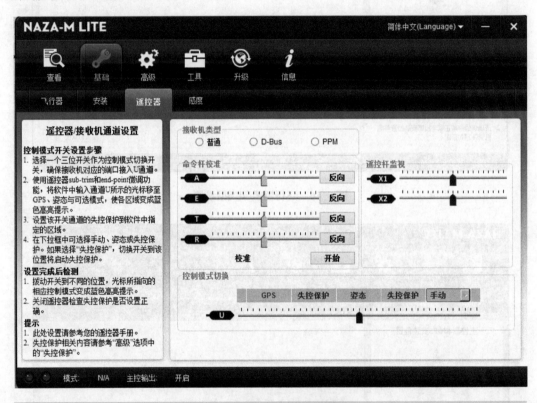

图 9-18　遥控器/接收机通道设置

（4）操作感度调节

操作感度不用调节，可以使用默认的设置，如图 9-19 所示。

（5）马达相关设置

单击"高级"按钮，选择"马达"选项卡，对飞行器进行马达怠速速度设置。马达怠速速度设置如图 9-20 所示。

（6）失控保护设置

NAZA 飞控的失控保护有两种模式：自动下降模式和自动返航模式。失控保护设置如

图 9-21 所示。

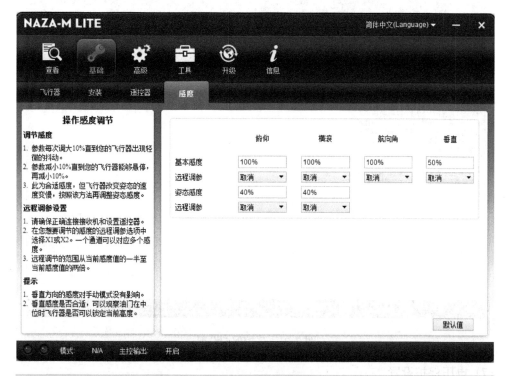

图 9-19 操作感度调节

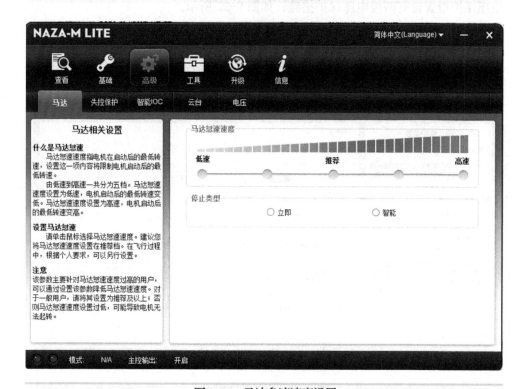

图 9-20 马达怠速速度设置

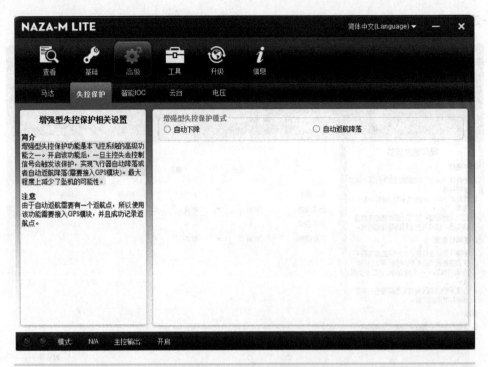

图 9-21　失控保护设置

(7) 电压保护设置

电压保护设置设有两级电压保护措施，如图 9-22 所示。

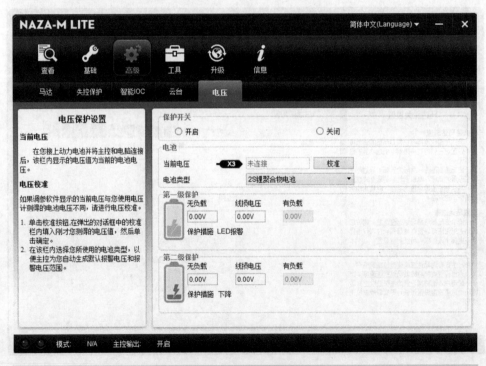

图 9-22　电压保护设置

扫码看视频　　扫码看视频　　扫码看视频

9.2.3　多旋翼无人机的有桨调试

1. 有桨调试前的检查

1）确认飞行参数已经完全调好。

2）检查螺旋桨和电动机是否安装正确和稳固，并确认正旋和反旋螺旋桨的安装位置正确。

3）确认飞行器中的布线安全。

4）确认机载设备工作正常。

5）确认遥控器电池、飞行器动力电池的电量充足。

6）确认遥控器的键位已复位，遥控器与飞行器信号正常。

7）选择一个无风、晴朗的天气，选择一个避免高楼大厦、人群拥挤、磁场、无线电信号干扰的地势平坦地带。

2. 有桨调试过程的注意事项

1）确保飞行器进行了全面检查。

2）飞行器要在视野范围之内飞行，时刻保持对飞行器的控制。

3）确保 GPS 信号良好。

4）不要在禁飞区飞行。

3. 有桨调试步骤

（1）安装螺旋桨

根据电动机的转向正确安装螺旋桨，如图 9-23 所示。

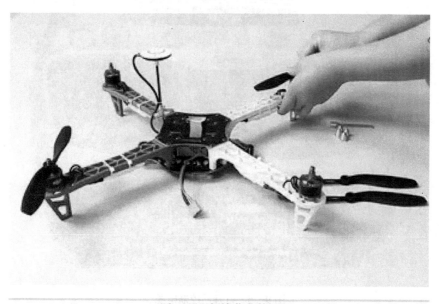

图 9-23　螺旋桨安装图

（2）限制无人机

为了有效保护人员和设备的安全，第一次飞行时应将无人机放在安全防护网内试飞，以防无人机发生意外情况。无人机防护网如图 9-24 所示。

图 9-24 无人机防护网

（3）飞行测试

1）接通电源。打开遥控器电源，如图 9-25 所示。

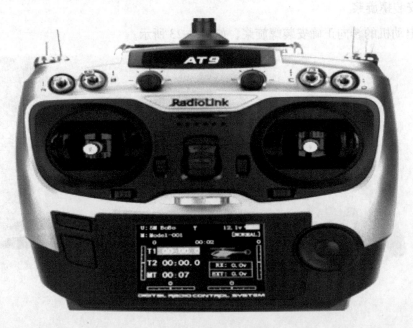

图 9-25 打开遥控器电源

接通无人机电源并插上低电压报警器，在低电压报警器上设置保护电压，如图 9-26 所示。

图 9-26　接通无人机电源

2）解锁飞控。将无人机放置在远离飞手且远离其他人的平坦地方，确保解锁飞控过程的安全。无人机的具体解锁方式一般都是遥控内八、外八或左摇杆上下解锁。外八解锁与内八解锁如图 9-27 所示。

a)　　　　　　　　　　　　　　　　　　b)

图 9-27　解锁方式图

ⓐ 外八解锁　ⓑ 内八解锁

3）油门调试。

① 拨动遥控器上的三档开关使无人机处于 GPS 状态。

② 缓慢增大油门杆并随时调整飞机姿态，使其平稳上升到安全高度再保持油门杆舵量不变。

③ 缓慢减小油门杆并随时准备调整飞机姿态，使其平稳下降，当贴着地面时再减小油门舵量至最低。

4）偏航调试。

① 拨动遥控器上的三档开关使无人机处于 GPS 状态。

② 缓慢向左或者向右拨动方向杆，并随时准备调整飞机姿态，使其机头朝向平稳地发生改变，如果想让机头停在某方位，则方向杆回中。

5）滚转调试。

① 拨动遥控器上的三档开关使无人机处于 GPS 状态。

② 缓慢向左、向右拨动副翼杆并随时准备调整飞行姿态，使其平稳地向左、向右飞行。

6）前后运动调试。

① 拨动遥控器上的三档开关使无人机处于 GPS 状态。

② 缓慢拨动升降杆并随时准备调整飞行姿态，使其进行直线的向前、向后运动。

9.3 固定翼无人机的组装

9.3.1 固定翼无人机配件清单

这里以 Flight 固定翼无人机为例介绍固定翼无人机的组装过程，Flight 固定翼无人机的配件清单见表 9-2。

表 9-2 Flight 固定翼无人机配件清单

序　号	配件名称	材质或型号	数　量	单　位
1	机翼	1400mm	2	个
2	机身	轻木、1457mm	1	个
3	垂直尾翼	轻木	1	个
4	水平尾翼	轻木	1	个
5	前起落架（含整流罩）	铝合金	2	个
6	后起落架（含整流罩）	铝合金	1	个
7	螺旋桨	木制、15×8	1	个
8	桨罩	金属、DLE 专用	1	个
9	舵角	金属	4	套
10	舵机连杆	钢丝	4	个
11	摇臂	金属	4	个
12	舵机	银燕 EMAX	4	个
13	发动机	DLE20RA	1	个
14	油箱	汽油	1	个
15	飞控系统	PIXHARK	1	套
16	遥控器（含接收机）	9 通道、2.4GHz	1	个

9.3.2 固定翼无人机的组装

1. 机翼组装

在翼根平面均匀涂抹 AB 胶，并在机翼插销的另一侧同样涂抹足够的 AB 胶，如图 9-28 所示。

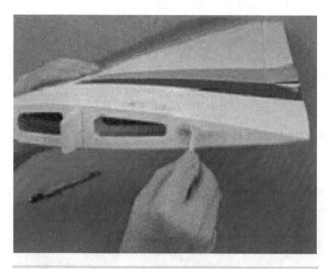

图 9-28　在翼根上涂抹胶水

将两片机翼组合，合并左右机翼，如图 9-29 所示。

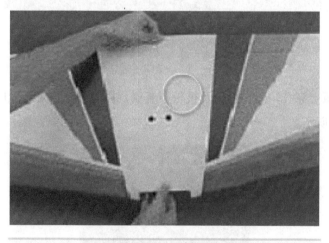

图 9-29　合并机翼

2. 尾翼安装

除去尾翼安装槽表面的蒙皮，将尾翼插入机身，水平尾翼要保持左右对称且要与机翼平行，水平尾翼末端与垂直尾翼末端的距离要相等，用 AB 胶将尾翼组件与机身粘牢。水平尾翼安装如图 9-30 所示。

图 9-30　水平尾翼的安装

确保两边水平尾翼末端与垂直尾翼末端的距离相等后，用 AB 胶粘牢，如图 9-31 所示。

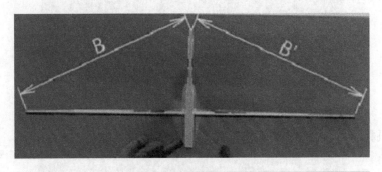

图 9-31　垂直尾翼的安装

3. 起落架安装

将机轮整流罩上穿孔，固定机轮及机轮整流罩，将两个机轮安装以后用螺钉固定在机身上，如图 9-32 所示。

图 9-32　起落架的安装

4. 舵机安装

固定翼无人机一般使用 4 个舵机，分别是副翼舵机、升降舵机、油门舵机、方向舵机。这里使用的是银燕 EMAX 舵机，如图 9-33 所示。

图 9-33　EMAX 舵机

将舵机放入无人机舵机安装座，调整好位置，用螺钉将舵机固定，舵机固定后选择合适的摇臂，垂直于舵面舵角安装摇臂，旋紧螺钉，如图 9-34 所示。

图 9-34　方向舵机的安装

将操纵钢丝由螺钉的一端旋入 U 形夹头，并在钢丝上套上一个橡皮圈，选择好位置后将钢丝安装在摇臂上，将舵盘安装在舵机上，将 U 形夹头扣在三角摇臂顶端，并将橡皮圈扣在夹头中部，如图 9-35 所示。

图 9-35　操纵杆的安装

5. 飞控与接收机的连接

将飞控放在合适的位置，飞控安装要无限接近水平，右方的一排插件为遥控器输入，从下到上为 1 ～ 8，1 接遥控器副翼通道，2 接遥控器升降通道，3 接遥控器油门通道，4 接遥控器方向通道，5、6、7 都可以不接，因为固定翼基本通道只有 4 个，这里只需要接 1 ～ 4，飞控与接收机的连接如图 9-36 所示。所有连接飞控的线需用扎带进行固定。

图 9-36　飞控与接收机的连接

接收机和电源等电子设备比较怕冲击和振动，最好用厚的海绵包裹并塞紧在机舱内。接收机的开关一般固定在机身侧面，为了避免发动机油污的侵蚀，应该安装在排气管另一侧的机身侧面。在打开关位置孔时，一定注意不要影响开关动作，开孔面积宁可稍大也不要太小。

6．安装发动机和油箱

（1）安装发动机

这里使用的是 DLE20RA 发动机，该发动机是一款单缸后排气两冲程汽油发动机，如图 9-37 所示。

图 9-37　DLE20RA 发动机

发动机的安装位置应能保证飞机有正确的重心。将发动机组装好，摆放在机头位置，并将所有设备装上飞机，其中包括接收机、电池、油箱等，测量重心位置，如果重心位置与图纸中的位置不一致，应前后移动发动机，达到满意后标记发动机的位置并开始安装。安装发动机之前，应将所有螺钉涂上高强度螺钉胶以避免螺钉回松，如图 9-38 所示。

图 9-38　固定发动机

将防火板钻孔作为风门操纵钢丝套管穿孔，穿孔的位置应尽量与发动机风门摇臂同高，将风门操纵杆穿入套管并与发动机风门摇臂相连，风门操纵杆的安装如图9-39所示。

图9-39　风门操纵杆安装

（2）安装油箱

因单缸汽油发动机振动较大及机身的高频抖动，让油箱内的燃油充满了气泡，特别是高速时，整个油箱的燃油呈沸腾状，让化油器的供油管内气泡连连。这不仅严重影响发动机的动力输出，而且让发动机贫油、受损甚至拉缸。所以将油箱用魔术贴固定住来防止振动过大，如图9-40所示。

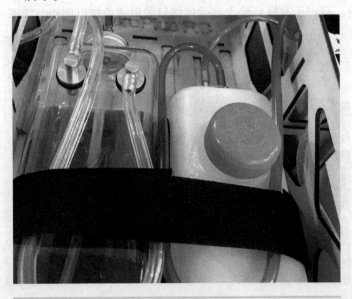

图9-40　固定油箱

将油管连接到发动机上，注意不要连接错误，否则无法正常供油且发动机不能工作，如图 9-41 所示。

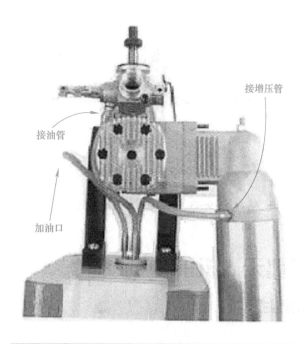

接增压管

接油管

加油口

图 9-41　连接油管

7．安装螺旋桨

螺旋桨如图 9-42 所示。安装好机头整流罩后需安装螺旋桨，应按发动机厂家的要求进行安装，如需在桨根打辅助孔则打孔，辅助孔的螺钉也应该涂上螺钉胶，主轴螺钉则不能上螺钉胶避免难以拆卸。再将螺旋桨保护罩安装上去。

图 9-42　螺旋桨

组装完成的 Flight 固定翼无人机如图 9-43 所示。

图 9-43　Flight 固定翼无人机

9.4　固定翼无人机的调试

9.4.1　飞控的调试

1. 飞控调参软件安装

运行飞控调参软件 Mission Planner 安装文件并按向导执行，如图 9-44 所示。

图 9-44　安装软件向导

2. 固件安装

单击"初始设置"按钮，在左边选择"安装固件"命令，如图 9-45 所示。

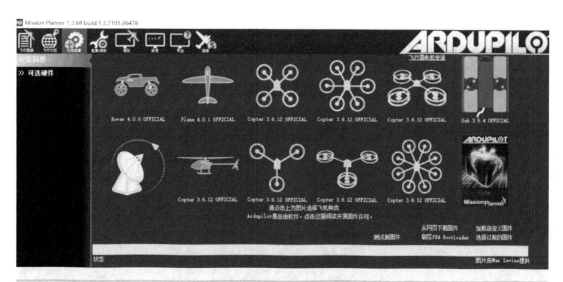

图 9-45 固定翼固件安装

3. 加速度计校准

在初始设置菜单栏下单击展开"必要硬件"菜单,选择"加速度计校准"命令,如图 9-46 所示,进入后开始校准。

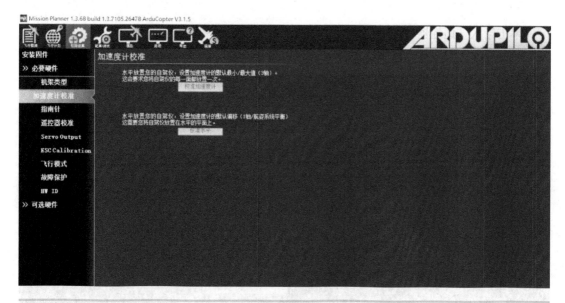

图 9-46 加速度计校准

4. 罗盘校准

单击初始设置下的"必要硬件"菜单,选择"指南针"命令,进入后开始校准,如图 9-47 所示。

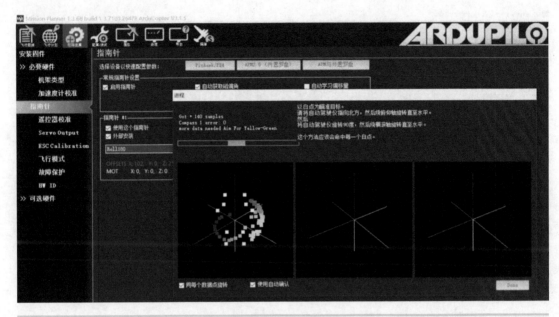

图 9-47 罗盘校准

5. 遥控器校准

单击进入"遥控器校准"页面，校准遥控器，如图 9-48 所示。

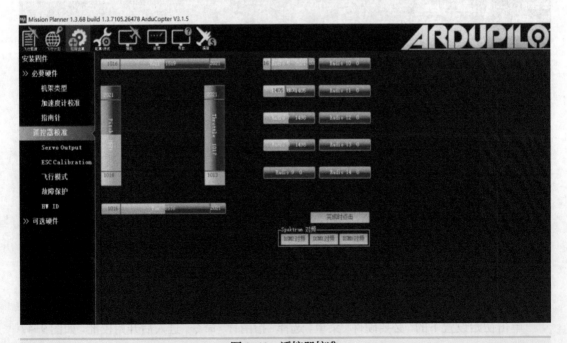

图 9-48 遥控器校准

9.4.2 动力系统调试

固定翼无人机动力系统分为油动动力系统和电动动力系统，油动动力系统的调试主要是发动机的调试，电动动力系统主要是电动机的调试。

1. 发动机调试

第一步：启动发动机，将风门（见图9-39）开至最大，关小主油针，发动机转速升高，继续关小主油针，发动机转速开始下降，这时开大主油针，使发动机稳定在最高转速。

第二步：将风门缓慢关小，当进气口有少量油滴喷出时，将怠速油针关小45°；将风门再次开至最大，左右旋转主油针，使发动机稳定在最高转速；将风门缓慢关小，当进气口还有少量油滴喷出时，将怠速油针再关小45°；将风门再次开至最大，左右旋转主油针，使发动机稳定在最高转速；将风门缓慢关小，观察到进气口没有油滴喷出。

第三步：将风门缓慢关小，发动机转速降低直至转速不再稳定，这时将风门开大一些使转速再次稳定，即找到怠速位置。掐紧输油管，发动机转速先不变然后升高，松开输油管，将怠速油针关小20°。将风门全开3s，再将风门缓慢关小，找到怠速位置。此时发动机转速比第一次要低。掐紧输油管，发动机转速先不变然后升高，但保持不变的时间比第一次短，松开输油管，将怠速油针关小20°。将风门全开3s，再将风门缓慢关小，找到怠速位置，此时发动机转速比第二次要低，掐紧输油管，发动机转速立即升高。

第四步：将风门全开3s，将风门关至怠速10s，迅速将风门打开，注意发动机转速，发动机转速先保持一会再增加，将怠速油针关小20°。将风门全开3s，将风门关至怠速10s，迅速将风门打开，发动机转速迅速增加，跟随性良好。

第五步：将风门开至最大，左右旋转主油针，使发动机稳定在最高转速。调整结束。

2. 电动机调试

电动机的调试主要是通过连接飞控系统来对电动机进行校准调试。

9.4.3 舵机调试

1. 舵面中立点调整

通电，舵机在中立点，根据各舵面实际情况将舵面调整到中立位置并进行调整，如图9-49所示。

2. 舵面角度调整

用舵角尺结合遥控器对各舵面进行调整，一般取副翼正负35°左右，如图9-50所示，其他舵面角度调整方法类似。

图 9-49　舵机回中调试

图 9-50　舵面角度调整

本章小结

通过本章的学习，学生基本认识了多旋翼和固定翼无人机的组装和调试操作要点，为今后从事无人机应用等相关工作打下较好的基础。

习题

1. 简述多旋翼无人机的组装步骤。
2. 多旋翼无人机的无桨调试前需要做哪些检查？
3. 简述 NAZA 飞控的调试步骤。
4. 简述固定翼无人机的组装步骤。
5. 装调固定翼无人机时需要做哪些方面的调试？

无人机
的飞行训练

第 10 章

本章概述

无人机操控技术是从事无人机应用技术工作的一项重要技能。本章主要讲述多旋翼无人机的模拟操控训练和场外飞行训练，固定翼无人机的模拟操控训练和场外飞行训练等基本知识。

学习目标

1) 掌握多旋翼无人机的模拟训练方法和技能；

2) 掌握多旋翼无人机的场外飞行训练方法和操控技能；

3) 掌握固定翼无人机的模拟训练方法和技能；

4) 掌握固定翼无人机的场外飞行训练方法和操控技能；

10.1 多旋翼无人机的模拟飞行训练

10.1.1 模拟器软件介绍

无人机常用的模拟器软件有 REFLEX XTR、RealFlight 以及 PhoenixRC 三种。

1) REFLEX XTR。该软件不受场地、天气和设备的影响，只要有一台计算机就可以随时随地地进行模拟飞行。

2) RealFlight。该软件可在画面上显示机体的各项数据，具有飞行摄影功能，可录制飞行档案，回放飞行档案时也可以显示摇杆的动作。

3) PhoenixRC（凤凰模拟器）。该软件能使操控者快速掌握，进而提高遥控飞行技术。其优点是环境仿真程度最高、相关设置最简单、安装过程最方便。

10.1.2 模拟器软件调试

下面以"日本手"（右手油门）为例来介绍 PhoenixRC 模拟器软件的调试步骤。

1) 在打开模拟器之前，必须先把计算机和遥控器通过 USB 接口连接。打开模拟器软件，设置新的遥控器，再校准遥控器。引擎选择通道 3 控制，把摇杆推到最大值再到最小值，最后立在中间，如图 10-1 所示。

2) 桨距的摇杆还是选择通道 3 控制，用上述方法进行同样的操作，如图 10-2 所示。

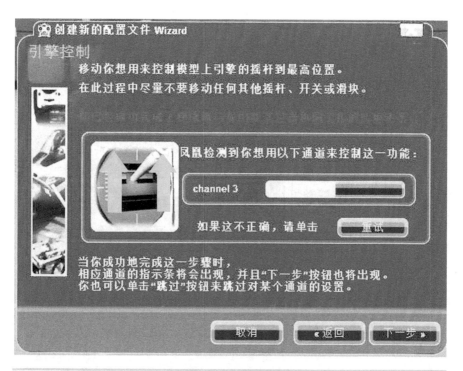

图 10-1　引擎控制

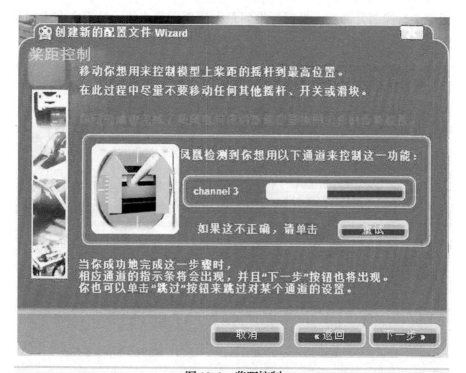

图 10-2　桨距控制

3）通道 4 是控制方向舵，把摇杆推到最大值再到最小值，最后立在中间不动，如图 10-3 所示。

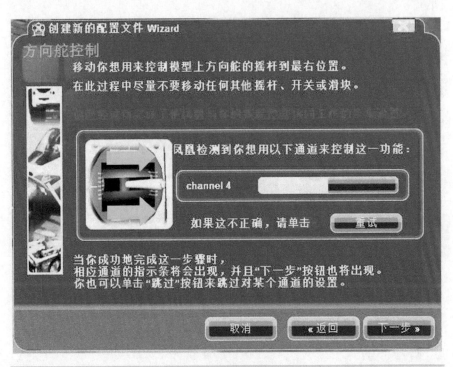

图 10-3 方向舵控制

4）通道 2 是控制升降舵，把摇杆推到最大值再到最小值，最后立在中间不动，如图 10-4 所示。

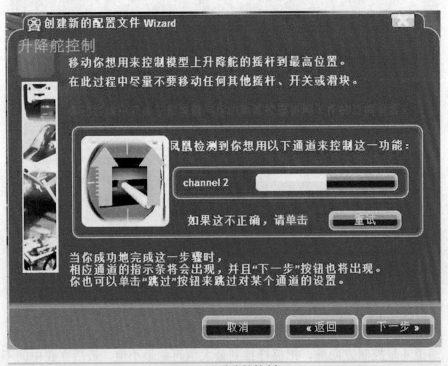

图 10-4 升降舵控制

5）通道1是控制副翼舵的，把摇杆推到最大值再到最小值，最后立在中间不动，如图10-5所示。

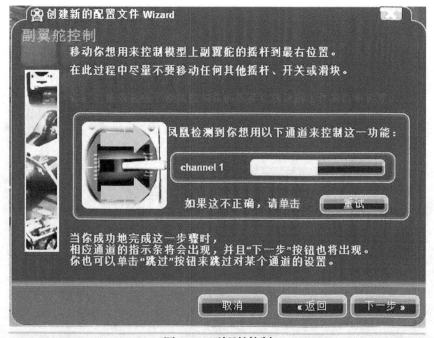

图10-5 副翼舵控制

6）不要动遥控器的摇杆，单击"Skip"按钮，拨动开关就可以控制模型上的起落架，如图10-6所示。

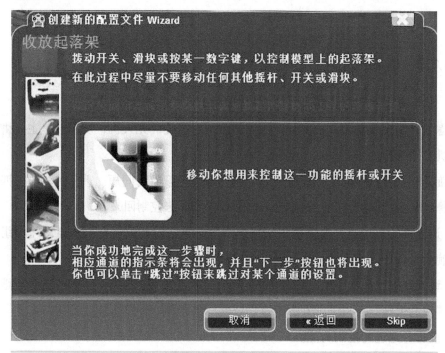

图10-6 收放起落架

7) 单击"完成"按钮,如图 10-7 所示。这一步完成后,遥控器的校准已经完成,如果在校准中没有校准正确,可以重新操作,也可以在系统设置里的编辑通道中设置各个通道的控制。

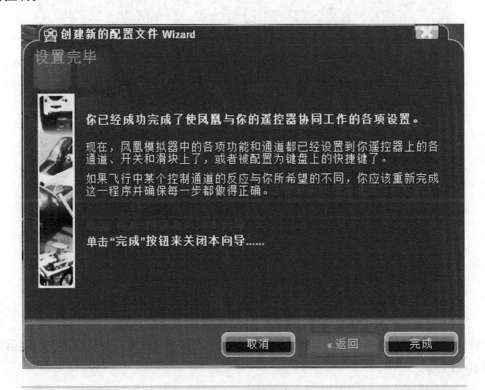

图 10-7　设置完成

10.1.3　多旋翼无人机的模拟飞行

1. 模拟飞行软件使用

考虑到目前多旋翼无人机实际飞行训练多采用四旋翼无人机,所以这里主要讲述四旋翼无人机模拟飞行。

四旋翼无人机机械简单、能垂直起降,但缺点是续航时间短、载荷也较小。四旋翼无人机不稳定很难控制好,飞行器翻过来之后基本没办法控制回来。

1) 选择多旋翼模型。多旋翼由倾斜的水平旋翼、四旋翼飞行器和自动陀螺组成。以下以四旋翼飞行器 Blade MQX-Cross setup 为例,如图 10-8 所示。

2) 设置风速、风向等值,如图 10-9 所示。设置好后先保持,再到"选择场地"中选择使用"我的天气"。

3) 设置各通道的控制功能。

4) 设置好后,开始飞行。

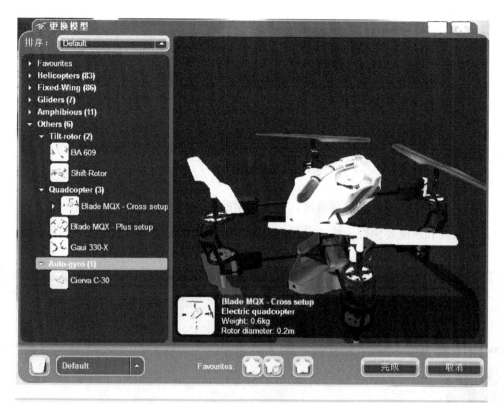

图 10-8　选择模型

图 10-9　风速风向设置

2．模拟飞行的基本动作

多旋翼无人机模拟飞行画面如图 10-10 所示。

（1）起飞／降落

要求：垂直上升、垂直下降，起飞和降落速度均匀，飞行器不能超出最里面的红圈范围，无明显的大幅修正动作。

（2）四方悬停

要求：悬停旋转时高度不变，旋转过程中机体无偏航，停止时角度正确，无提前或滞后现象，旋转速率为 90°/s 匀速，整个过程中无错舵现象发生。

（3）自转 1 周

要求：悬停旋转时高度不变，旋转速率 90°/s，停止时无提前或滞后现象，过程中无错舵现象发生，不能超过直径 2m 的圆，掉落高度不超过 0.5m。

（4）水平 8 字

要求：在画 8 字时不能掉落高度；在画 8 字时，点到航线到，飞机到点时航向也要到点；注意航向和速度要保持一致；在画 8 字时，飞机尽量往外飞，但是不能过度。

图 10-10　多旋翼无人机模拟飞行画面

10.2　多旋翼无人机的场外飞行训练

10.2.1　飞行前检查及安全飞行原则

1．飞行前检查

1）飞行前要对飞机进行全面检查，确保飞机能够正常工作。

2）飞行前要对飞行场地周围环境进行检查，如遇恶劣天气或飞行场地周围有高大建筑物都不适合飞行。

2．安全飞行原则

1）军事管制区、机场静空区等禁飞区不能飞。

2）人员密集区不飞。

3）复杂气象条件不飞。

4）高层建筑密集区不飞。

10.2.2 多旋翼无人机飞行动作训练

1. 起飞/悬停/降落

方法：飞行器由 1m 高度悬停开始，垂直上升至 4m 高度，转入悬停 2s 后转入垂直下降过程，在 1m 高度上停止下降并转入悬停，如图 10-11 所示。

要求：上升、下降匀速，速率为 1m/s，悬停时间为 2s，飞行器不能超过直径 2m 的圆，无明显的大幅修正动作。

难点：飞行器在上升和下降阶段由于受到气流的影响，如果不操纵副翼和升降舵，只是单一地加减油门，则上升和下降的轨迹就不会是垂直的，所以需要及时修正飞行器的姿态，这时的打舵方向和舵量大小是保证垂直的关键。

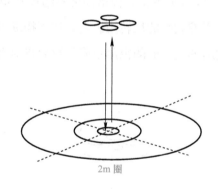

2m 圈

图 10-11 起飞 / 悬停 / 降落的飞行动作

2. 四位悬停

方法：飞行器在 2m 高度悬停 2s 后，每悬停 2s 后原地转 90°（左右均可）直至完成"对尾→对右侧面→对头→对左侧面"的操作。

要求：悬停旋转时高度不变，旋转过程中机体无偏航，停止时角度正确，无提前或滞后现象，旋转速率为 90°/s 匀速，整个过程中无错舵现象发生，如图 10-12 所示。

难点：旋转的过程中由于螺旋桨的反转矩影响，在不操纵前翼机和升降舵的时候会有偏航。而且由于操纵者所面对的飞行器的视角不同故需要操纵者及时调整思维，做出正确的判断和及时的修正。

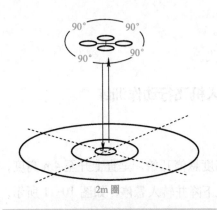

图 10-12 四位悬停飞行动作

3. 自传1周

方法：飞行器在 2m 高度悬停，然后绕自身重心点纵轴旋转一周 360°（左右均可）。

要求：悬停旋转时高度不变，旋转速率为 90°/s，停止时无提前或滞后现象，过程中无错舵现象发生，不能超过直径 2m 的圆，掉落高度不超过 0.5m，如图 10-13 所示。

难点：旋转的过程中由于螺旋桨的反转矩影响，在不操纵前翼机和升降舵的时候会有偏航。而且由于操纵者所面对的飞行器的视角不同故需要操纵者及时调整思维，做出正确的判断和及时的修正。

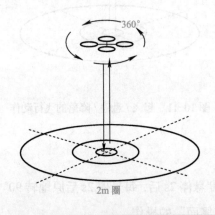

图 10-13 自传 1 周飞行动作

4. 水平8字

方法：首先飞行器要有一定的前进速度，过 A 点后压副翼使机头向转弯方向倾斜，然后拉升降舵使飞行器入弯，同时控制方向舵使机头始终朝着前进方向。

要求：飞行速度匀速，左右转弯半径相等，高度保持不变，如图 10-14 所示。

难点：刚开始练习时可能一个方向的转弯比较顺手，另一个方向不太敢转，这样就会使飞行器进入侧滑状态，加重操纵者的紧张情绪而不能正确及时地反应，导致动作失败。另外进入转弯时升降舵、副翼和油门的配合不熟练也会使飞行器转弯时进入爬行状态或者转弯完成，飞行速度也降低很多，所以水平 8 字需要各舵面和油门相互配合完成，各舵面和油门的配合合理性决定了水平 8 字完成的准确度。

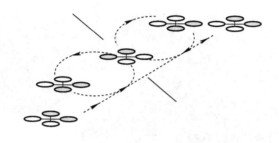

图 10-14　水平 8 字飞行动作

5. 水平直线

方法：在 A 点悬停后向 B 点进行直线匀速飞行，如图 10-15 所示。

要求：飞行路线匀速，高度保持不变。

难点：由于前进时会受风向、视觉差距的影响，航线基本显蛇形，需要及时修正副翼、升降舵。

十米高度水平直线

图 10-15　水平直线飞行动作

10.3　固定翼无人机的模拟飞行训练

10.3.1　模拟器软件调试

到目前为止，固定翼无人机是最常见的航空器，通常作为军用和民用。它具有速度快、机动性高和安全的特点。它的优点是续航时间长、飞行效率最高和载荷最大，缺点是起飞的时候必须助跑，降落的时候必须滑行。

固定翼无人机模拟器软件的调试方法与多旋翼无人机模拟器软件的调试方法相同。

10.3.2 固定翼无人机的模拟飞行

1. 模拟飞行软件使用

（1）选择固定翼模型

固定翼有很多模型，以电动的 Multiplex Easystar 固定翼飞机为例，如图 10-16 所示。

图 10-16　选择模型

（2）设定天气

设置风速为 4m/s，随机为 25%，阵风频率为 15%，阵风风速为 1m/s，随机阵风为 25%，涡流为 15%，蒸气流强度和持续为 0%，如图 10-17 所示。

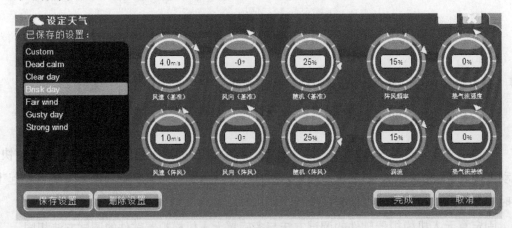

图 10-17　设定天气

（3）设置通道

通道 1 控制右升降舵并打钩，通道 2 控制左、右引擎，通道 3 控制左升降舵并打钩，通道 4 控制左副翼，通道 6 控制右副翼并打钩，通道 7 控制方向舵打钩，通道 8 控制襟翼，如图 10-18 所示。

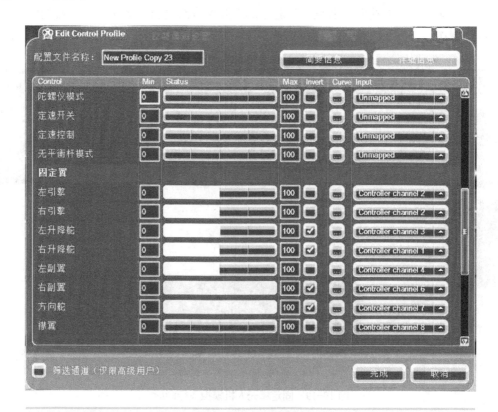

图 10-18　通道控制

（4）模拟飞行

设置好后，开始飞行。

2. 模拟飞行的基本动作

固定翼无人机模拟飞行画面如图 10-19 所示。

（1）起飞

要求：选择适当的位置，配合速度使用升降舵沿 45° 方向向上爬升；起飞角度不宜过大，也不宜过小。

（2）降落

要求：操控者转动头部看着飞机从而操控飞机降落；降落滑行的接触地面应在操控者的前方，再从这一点进入滑行状态；如果需要重新降落，需马上加大油门，回到空中，重新尝试降落。

（3）矩形航线

要求：进入矩形航线的第一边直线要与跑道中心线平行；转弯角度为90°且要平和转弯；矩形航线四边等高，飞行方向不变化。

（4）水平8字

要求：确定8字航线起始航点；从起始航点开始直线飞行至8字航线一端的转弯点开始飞行。

图10-19　固定翼无人机模拟飞行画面

10.4　固定翼无人机的场外飞行训练

10.4.1　起飞/降落

方法：起飞时无人机逆风从起飞线开始柔和地加速直线滑跑、柔和地离地，小角度爬升至一定安全高度后再进行后续的巡航动作，如图10-20所示。

要求：起飞前一定要确认风向，应正向逆风起飞；降落时也要正向逆风降落。

10.4.2　矩形航线

方法：逆风飞行进入跑道上空的等高矩形航线的第一边，然后分别在相应位置做90°转弯，完成1个封闭的水平矩形航线，如图10-21所示。

要求：第一边直线要与跑道轴线平行；90°转弯时要保持柔和；矩形航线的4条边同等高度，每边飞行要保持直线。

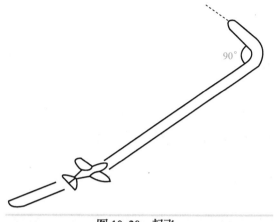

图 10-20　起飞

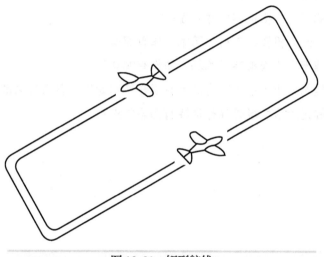

图 10-21　矩形航线

10.4.3　水平8字

方法：无人机飞行进入，自空域中心做 1 个水平 8 字飞行，飞出要顺风飞行，如图 10-22 所示。

要求：1 个水平状的相切圆 8 字；进入和飞出在同一高度。

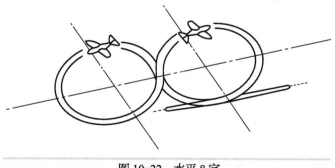

图 10-22　水平 8 字

本章小结

通过本章的学习，学生可以基本熟悉多旋翼和固定翼无人机的飞行训练方法，从而进入飞行操控训练以及外场作业等实践活动。

习题

1. 无人机飞行前需要做哪些检查？
2. 常用的无人机模拟器软件有哪些？
3. 固定翼无人机模拟飞行的基本动作有哪些？
4. 多旋翼无人机模拟飞行的基本动作有哪些？
5. 多旋翼无人机的场外飞行训练有哪些基本动作？各有什么动作要求？
6. 固定翼无人机的场外飞行训练有哪些要求？

参 考 文 献

[1] 于坤林，王怀超，司维钊．无人机概论 [M]．北京：机械工业出版社，2019.

[2] 于坤林，陈文贵．无人机结构与系统 [M]．西安：西北工业大学出版社，2016.

[3] 任仁良，张铁纯．涡轮发动机飞机结构与系统（下册）[M]．北京：兵器工业出版社，2014.

[4] 许春生．燃气涡轮发动机 [M]．北京：兵器工业出版社，2006.

[5] 丑武胜，贾玉红，何宸光，等．空中机器人（固定翼）专项教育教材 [M]．哈尔滨：哈尔滨工程大学出版社，2013.

[6] 孙毅．无人机驾驶员航空知识手册 [M]．北京：中国民航出版社，2014.

[7] 鲍凯．玩转四轴飞行器 [M]．北京：清华大学出版社，2015.

[8] 杨宇．无人机模拟飞行及操控技术 [M]．西安：西北工业大学出版社，2019.

[9] 谢志明　刘肩山，郭晓科．无人机电机与电调技术 [M]．西安：西北工业大学出版社，2020.

[10] 鲁储生　邹仁，钟伟雄，等．无人机组装与调试 [M]．北京：清华大学出版社，2019.